U0133880

21世纪高职高专规划教材
计算机应用系列

项目驱动 Java 程序设计

古凌岚　张　婵　罗　佳　编著

清华大学出版社

北　京

内 容 简 介

本书从学习的目的出发,通过对一个案例项目的实际开发过程,由浅入深地介绍 Java 相关知识及项目开发技巧。本书共分 8 章,主要介绍了如何应用 Java 语言实现面向对象的编程,依照案例实现的过程,阐述了编写 Java 程序所需要的面向对象知识、环境与配置、图形用户界面的设计、事件处理的机制、Applet 程序的编写方法、异常处理的机制、读写文件的操作、线程的实现及通信、网络应用程序的开发等知识。

本书适合于本科及高职高专计算机相关专业的学生,也可以作为 Java 工程师的参考书。

图书在版编目(CIP)数据

项目驱动 Java 程序设计/古凌岚,张婵,罗佳编著. —北京:清华大学出版社,2011.5
(21 世纪高职高专规划教材. 计算机应用系列)
ISBN 978-7-302-25093-7

Ⅰ. ①项… Ⅱ. ①古… ②张… ③罗… Ⅲ. ①JAVA 语言－程序设计－高等学校－教材
Ⅳ. ①TP312

中国版本图书馆 CIP 数据核字(2011)第 047606 号

责任编辑:张龙卿(sdzlq123@163.com)
责任校对:刘　静
责任印制:王秀菊

出版发行:清华大学出版社　　　　　　　　　　地　　址:北京清华大学学研大厦 A 座
　　　　　http://www.tup.com.cn　　　　　　　邮　　编:100084
　　社　　总　　机:010-62770175　　　　　　邮　　购:010-62786544
　　投稿与读者服务:010-62776969,c-service@tup.tsinghua.edu.cn
　　质　量　反　馈:010-62772015,zhiliang@tup.tsinghua.edu.cn
印　刷　者:北京季蜂印刷有限公司
装　订　者:三河市李旗庄少明装订厂
经　　销:全国新华书店
开　　本:185×260　　　印　张:15.75　　　字　　数:378 千字
版　　次:2011 年 5 月第 1 版　　　　　　　印　　次:2011 年 5 月第 1 次印刷
印　　数:1～3000
定　　价:29.00 元

产品编号:037167-01

前　言

　　学习知识的目的是为了运用学习的知识来解决实际问题,只有运用已学知识来解决问题,才能使所学知识成为学习者知识结构的一个有机组成部分,才能将知识转换为能力。

　　自从 Java 语言问世以来,由于其采用了面向对象、支持多线程、与平台无关等编程方式及具有语法简单等特点,很快得到了开发人员的青睐,尤其是在 Web 应用开发上。本书从学习的目的出发,通过对一个案例项目的实际开发过程,由浅入深地介绍了 Java 的相关知识和项目开发技巧,从而使 Java 知识不再是空洞、抽象的,而是实实在在并可以用来解决问题的有力工具。

　　本书在知识点的引入及叙述方式上,以项目案例为中心,采用引入知识点、讲述知识点、应用知识点、综合知识点的模式,由浅入深,展开对知识内容的讲述。特别需要指出的是,在新概念的引入上,本书采用实际生活中大家所熟悉的例子来进行知识点的类比,从而使概念更容易理解,对概念的应用更加得心应手。

　　本课程建议授课为 50 学时,项目训练为 30 学时,并要求先修 C 语言。

　　本书的内容结构如下。

　　第 1 章通过面向过程到面向对象的演变,引入面向对象的基本概念,并介绍了 Java 的历史、特点以及应用领域。

　　第 2 章主要介绍了控制台程序开发、Java 开发运行环境和工具,以及对象的特性、接口等面向对象编程的相关概念和基本知识。

　　第 3 章主要介绍了 Java 所提供的主要 GUI 组件和布局管理的使用方法、Java 2D 绘图机制以及 Applet 的应用方法。

　　第 4 章主要介绍了事件及事件处理的机制。

　　第 5 章主要介绍了 Java 的异常处理机制。

　　第 6 章主要介绍了 Java 中的 I/O 机制,以及文件读/写和数据库读/写方法。

　　第 7 章主要介绍了线程的概念、单/多线程的创建以及线程间的通信。

　　第 8 章主要介绍了 TCP/IP 协议、Socket 的概念以及如何利用 Socket 进行网络编程。

　　本书编写过程中,得到了广东轻工职业技术学院的领导和老师给予的大力支持和帮助,同时李洛、吴绍根、陈建潮几位老师都提出了许多富有启发性的建议,在此表示衷心的感谢。

　　书中难免存在不妥之处,请读者提出宝贵意见。

编　者

2010 年 11 月

目　　录

第1章 导 学

知识要点：

- 类、对象和实体
- 面向对象的思想
- Java 语言的特性
- Java 语言的应用领域

引子： 程序设计思想与程序设计语言有什么关系

当人们使用软件时，会发现同类软件的响应速度、易用性等方面可能有很大的差异。影响软件性能的主要因素是软件本身，而软件是由程序构成的。怎样的程序设计能让程序在实现功能的同时高效运行呢？先来看一个式子：程序设计＝程序设计方法＋算法＋数据结构＋语言工具及环境。程序设计思想是指程序的设计方法和问题的分析模式；程序设计语言则是一种具体的表达方式。当开发人员对一个问题，经过分析思考有了清晰的解决思路，就可以用计算机能够接收的描述方式（某种编程语言），在计算机上实现对问题的处理。简而言之，程序设计思想就是如何用程序设计语言描述世界，程序设计语言则是在计算机世界中程序设计思想的具体表达。

"思想"比"语言"更重要，这话不无道理。一方面，要学习前人总结的方法，如面向过程、面向对象，应用于程序设计中；另一方面，还可以通过语言的学习体会这些编程思想，不断运用、总结、领悟，从而形成自己的思想。

1.1 从面向过程到面向对象

程序设计方法与软件行业、程序设计语言的发展有着密切的联系，20 世纪 60 年代中后期爆发的"软件危机"，使得程序设计方法的研究工作成为推动软件行业发展的重要一环。这里，主要关注面向过程和面向对象两种程序设计方法。

面向过程程序设计方法（Process-Oriented Programming，POP）于 20 世纪 70 年代提出，是以自顶向下、逐步求精、模块化程序设计为原则，以顺序结构、选择结构、循环结构为基本程序结构的一种程序设计方法，它将求解问题的过程看作是一个处理过程，有着结构清晰、容易理解、方便修改的优势，但也存在着执行流水线式和过程间关联紧密等问题。随着软件规模及其逻辑复杂度不断升级，面向对象程序设计方法（Object-Oriented

Programming,OOP)渐渐成为主流。与面向过程事无巨细地考虑问题的方式不同,面向对象程序设计采用"分工到人,各司其职"的原则,以问题域中的事务为中心,分解为多个相对独立的单元,形成层次分明的对象集,层层递归包含,越上层包含的事物越抽象,越下层的对象越实现具体的功能。下面通过用两个方法设计"五子棋"游戏(如图 1-1 所示),来了解各自的特点。

面向过程的设计思路就是首先分析问题的步骤:
① 开始游戏;
② 黑子先走;
③ 绘制画面;
④ 判断输赢;
⑤ 轮到白子;
⑥ 绘制画面;
⑦ 判断输赢;
⑧ 返回步骤2;
⑨ 输出最后结果。
把上面每个步骤用不同的函数来实现,问题就解决了。

面向对象的设计思路就是将问题分解为三个对象:
① 玩家:黑白双方,其行为是相同的;
② 棋盘系统:负责保存棋谱,绘制画面;
③ 规则系统:负责判定诸如犯规、输赢等。
第一类对象(玩家对象)负责接受用户输入,并告知第二类对象(棋盘对象)棋子布局的变化,棋盘对象接收到了棋子的变化就要负责在屏幕上面显示出这种变化,同时利用第三类对象(规则系统)来对棋局进行判定。

图 1-1　面向过程和面向对象设计思路的比较

有人形象地将面向过程和面向对象程序方法分别比喻为蛋炒饭和碟头饭(盖浇饭),蛋炒饭是将所有材料味道融为一体,食客要么接受这种混合味道,要么放弃,无法改变其中的一部分;而碟头饭是将饭、菜拼放一起,各自独立,食客可以只要其中的一部分,还可以再加些其他的。显然,面向对象中"各司其职"的特点,使其可扩展性强,比如,"五子棋"要加入悔棋功能,面向过程的设计中的②～⑦步都必须修改,甚至调用顺序也要调整;而面向对象的设计中,只要修改棋盘对象,根据棋谱回溯一下即可,其他不变。

表 1-1 对面向过程和面向对象进行了比较,有利于更全面地认识这两种方法。

表 1-1　对比面向过程与面向对象

对比项	面向过程(PO)	面向对象(OO)
设计思想	分析问题,划分为多个步骤,用函数实现	分析问题,划分为多个功能,并用多个对象实现
构成公式	程序＝算法＋数据	程序＝对象＋消息
特点	基于算法,过程驱动	基于对象,事件驱动
优缺点	运行效率相对高,可重用性差,可扩展性差	运行效率相对低,可重用性好,可扩展性好
编程语言	C	Java、C#
适用范围	数据少而操作多,如设备驱动程序、算法实现	数据多而操作单一,如信息管理系统、网站

总之,面向过程是通过分析问题后再解决步骤,然后用函数逐步实现,需要使用时再依次调用对应函数。面向对象则是把构成问题的事物分解成不同的对象,其目的不是为了完成一个步骤,而是为了描叙某个事物在整个问题解决步骤中的行为。这两种方法都遵循将问题分解再解决的基本原则,但对问题的思考、处理方式以及编码实现却迥然不同,不能简

单地评判孰优孰劣,而应从实际出发,考虑系统规模、应用领域、扩展需要、执行效率等方面,选择适用的方法,或是结合起来运用,达到最佳开发效益的目标。

1.2　初识对象、类与实体

对象、类与实体是面向对象中的重要概念。对于初学者来说,理解起来比较困难。面向对象的方法类似于人类认识现实世界的思维过程。想想我们日常生活中的每一天,会接触到许多事物,比如:乘公车去上学;为客户提供服务;看到飞着的鸟;看到小区里跑着的小狗小猫;去银行开个账户……其中画线词都是事物,如何区分它们呢?可根据这些事物的外观形态活动规律,总结归纳其共同点,逐渐认识并分清它们。比如动物,一般家庭养的小猫、小狗只是为了增添生活情趣,为了与一般的猫狗区分开,被称为宠物;而生活在野外自生自灭的那些动物,则被称为野生动物。另外,根据动物的外貌特征、出行方式,还可以区分为飞禽、走兽等,如图 1-2 所示。

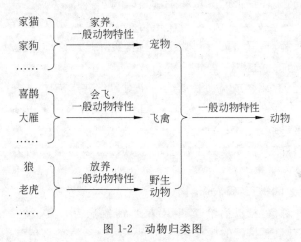

图 1-2　动物归类图

从图 1-2 可以看出,这是一个归类过程,即将具有相似特征的事物归为一个类(Class)。为了更好地认识类,再画一个分类图(假设有只猫的名字叫咪咪)(如图 1-3 所示)。

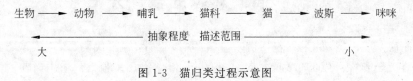

图 1-3　猫归类过程示意图

由图 1-3 可知,从波斯猫到生物类,抽象度越高的类,概括性越强,所指范围也越大,且抽象度高的类包含抽象度低的类,如哺乳类包括猫科、犬科……猫科包括猫、虎……猫类包括波斯、索马里……可进一步描述,以波斯猫类为例,波斯猫具有头圆且大、长毛、短尾、毛色多为银灰或白、举止文雅、是捕鼠高手等特点,其中“头圆且大、长毛、短尾、毛色为银灰或白”用于描述猫的状态,而“举止文雅、是捕鼠高手”用于描述猫的行为。也就是说,类概括了一组相似事物的状态和行为,其中状态被称为属性(Property),行为被称为方法(Method)。读者可以分析图中其他类,来进一步加深理解。接着再来看“咪咪”,它是一只活着的猫,毛长10厘米,银灰色,喜爱吃巧克力。那么,咪咪是独一无二的,且有具体的属性(毛长、毛色)和行为(喜爱吃巧克力)。像咪咪这样存在于现实世界中的具体事物,则被称为对象(Object)。要说明的是,这里所说的对象不一定都是看得见的,像上面所提到的"账户",虽然它只是银行处理系统中的一些数据,但它也是对象。

另外,从中还会发现类与对象间存在着联系。类描述的一些属性,如波斯猫毛的长度、颜色只是一种概况或范围,当这些属性定量时,如毛长为10厘米、毛色为银灰的那只叫咪咪的猫,就是指一个对象了。

思考题:分析虎类的状态、行为,并描述某只老虎的具体属性和行为。

上面所描述的事物如猫、账户、客户、咪咪……都是现实世界客观存在的,称之为实体。但它们所描述的内容不同,如果所描述的内容是一个类,如猫、客户,则称为实体类;若所描述的内容是现实世界中的一个对象,如咪咪、一个真实的账户,则称为实体实例。

对于类、对象和实体有了一些感性认识后,再来看看面向对象中的专业术语。

(1) 对象:是指将一组数据和作用于其中的一组操作封装,从而形成的实体。它可以是一个具体的事物(如咪咪),也可以是一个概念(如某一种服务)。

这里的数据用于描述对象的状态,操作是指对象自身或外界施加的行为,通过操作将改变对象的状态。举个例子,运动员听到哨音、起跑,实际是对象(运动员)通过自身的行为(起跑),改变了对象(运动员)的状态(静止→跑动)。

(2) 类:是指对具有相同或类似性质的一组对象的共同描述。

(3) 实体:将客观存在并可相互区别的事物称之为实体。可以是具体的人、事、物,也可以是抽象的概念或联系。

研究上述概念的目的,实际是为了传递消息,因此,不得不提到另一个重要概念——消息(Message)。

(4) 消息:对象之间进行通信的结构。

举个例子,张三(对象)打电话给李四(对象),请他吃饭。消息包括:李四(消息接收对象)、应邀吃饭(接收对象要执行的操作信息)。所以,一条消息将包含消息的接收者和要求接收者完成的某项操作。

1.3　面向对象的软件开发

简单地说,软件开发的过程包括需求分析、系统设计、编写代码、系统测试、运行维护几个阶段。对应于软件开发的过程,面向对象(OO)衍生出三个概念:采用面向对象进行(需求)分析的方式称为OOA;采用面向对象进行设计的方式称为OOD;采用面向对象进行编码的方式称为OOP。

面向对象开发方法的基本思想:客观世界是由各种各样的对象组成的,每种对象都有各自的内部状态和运动规律,不同对象之间相互作用和联系,就构成了各种不同的系统。在设计和实现一个客观系统时,最好的设计是,在满足需求的条件下,把系统设计成一些不可变的(相对固定)部分组成的最小集合。其中不可变的部分就是所谓的对象。

面向对象的软件开发过程:

(1) 需求调查。调查用户对系统开发的要求,研究系统要解决什么问题,明确做什么。

（2）分析问题。在问题域中抽象地识别出对象及其状态、行为,分析对象间的联系和传递的消息。即用 OOA 分析怎样做。

（3）归纳整理。对于分析结果,进一步抽象、归纳、整理,以规范的形式确定下来。即用 OOD 设计系统。

（4）编码实现。用面向对象程序设计语言,将上述范式映射为程序,构成应用软件。即用 OOP 实现系统。

面向对象开发方法的特点:

（1）封装性。程序被划分为对象,对象作为一个实体,封装着数据及作用于数据的操作,操作隐藏于“方法”之中,数据(描述对象的“属性”)描述的状态只能通过“方法”来改变,从外界无从得知。

（2）抽象性。从具有共同性质的实体中,抽象出的事物本质特征中得到“类”,而对象是类的一个实例。类中封装了对象共有的属性和方法。通过实例化一个类创建的对象,自动具有类中规定的属性和方法。

（3）继承性。继承性是类特有的性质,类可以派生出子类,子类自动继承父类的属性与方法。这样,在定义子类时,只需说明它不同于父类的特性,从而可大大提高软件的可重用性。

（4）动态链接性。对象间的联系是通过对象间的消息传递而动态建立的。

1.4　Java 语言的历史和特性

1.4.1　Java 语言的历史

Java 是一种面向对象的程序设计语言,它诞生于 1995 年,在不长的发展历史中,很快受到业界和许多程序员的推崇。下面先介绍一下它的历史。

1. Java 的诞生

1991 年 4 月,Sun Microsystems 公司的 James Gosling 博士领导的绿色计划(Green Project)着手于在各种消费性电子产品上运行的一种分布式系统结构的研究。在项目实施过程中,Gosling 博士在 C++ 基础上,研发出一新语言——Java 前身 oak(橡树),并于 17 个月后完成。

1994 年下半年,随着 Internet 的迅猛发展,首个全球信息网络浏览器 Mosaic 出现了,而且工业界对适合在网络异构环境下使用的语言有一种非常急迫的需求,Java 创始人 Games Gosling 抓住契机,对原有 oak 加以改造,1995 年的 3 月 23 日 Java 诞生了!这标志着互联网时代的开始,它能够编写互动性极强的 Applet 程序,并应用于互联网上。

2. Java 发展的第一个阶段(1995—1998)——JDK 1.0/1.1.x

1995 年 5 月 23 日,Sun 在 SunWorld'95 上正式发布了 Java 和 HotJava 浏览器。但 Java 仅仅是一种语言,没有开发库的支持,不可能开发大型的复杂应用程序。1996 年 1 月 23 日,Sun 发布了 JDK 1.0,包括两部分:运行环境(即 JRE)和开发环境(即 JDK)。在运行环境中包括了核心 API、集成 API、用户界面 API、发布技术和 Java 虚拟机（JVM）五个部分。而开发环境还包括了编译 Java 程序的编译器（即 javac.exe）。在 JDK 1.0 时代，JDK 除了 AWT（一种用于开发图形用户界面的 API）外，其他的库并不完整。紧接着，1997 年 2 月 18 日，Sun 推出了 JDK 1.1，其最大的改进就是为 JVM 增加了 JIT（即时编译）编译器。它与传统的编译器相比，传统的编译器是编译一条指令，运行完后再将其扔掉，而 JIT 会将经常用到的指令保存在内容中，在下次调用时就不需再编译了，大大提升了效率。到了 1998 年，也是 Java 开始迅猛发展的一年，Sun 发布了 JSP/Servlet、EJB 规范，并将 Java 分成了 J2EE、J2SE 和 J2ME。标志着 Java 已经扩展到企业、桌面和移动三个领域。

3. Java 发展的第二个阶段（1998—2004）——JDK 1.2-1.4

到 JDK 1.1.8，Java 已初具规模。1998 年 12 月 4 日，Sun 公司发布了 Java 历史上最重要的版本 JDK 1.2(Java2)，它对 Java 进行了很多革命性的变革，并沿用至今。JDK 1.2 将它的 API 分成了三大类：核心 API (Java 核心类库)、可选 API(扩充 API)、特殊 API(满足特殊要求的 API)。还增加了许多新的特性，其中包括 SWING、多线程、集合类等。之后每两年推出一个新版本，2000 年 5 月 8 日，发布 JDK 1.3，主要对一些类库（如数学运算、新的 Timer API 等），以及 JNDI 接口方面增加了一些 DNS 和 JNI 的支持，这使得 Java 可以访问本地资源、支持 XML 以及使用新的 Hotspot 虚拟机；2002 年 2 月 13 日，发布了 JDK 最为成熟的版本 JDK 1.4，主要对 Java 的性能进行了改进，使得该版本在性能方面有了质的飞跃。

4. Java 语言发展的第三个阶段（2004 年至今）——JDK 1.5-7.0

由于 Java 对于一些高级的语言特性（如泛型、增强的 for 语句）并不支持，而且有些相关技术过于复杂，如 EJB2.x。因此，在 2004 年 10 月，Sun 公司发布了 JDK 1.5，并将 JDK 1.5 改名为 J2SE 5.0。主要解决 Java 的复杂性问题，同时增加了诸如泛型、增强的 for 语句、可变数目参数、注释（Annotations）、自动拆箱（Unboxing）和装箱等功能，推出 EJB3.0 规范、用于前端界面设计的 JSF（类似于 ASP.NET 服务器控件）。2006 年 12 月 11 日，发布了 J2SE 6.0（专为 Vista 设计），在性能、易用性方面得到了前所未有的提高，而且还提供了如脚本、全新的 API(Swing 和 AWT 等 API 已经被更新)的支持。随后几年，JDK 7.0 又在研发中，JDK 7.0 final release 版本于 2010 年 6 月正式发布，新增了 Java API，以及相当多的新功能，如支持拖放、Java interface definition language (IDL)、Java servlets、Javadoc doclets、Java Virtual Machine Debugger Interface (JVMDI)等。

1.4.2 Java 特性

了解了 Java 的发展历史，再来了解一下 Java 特性。

1. 简单性

Java 语言是一种面向对象的语言，它通过提供最基本的方法来完成指定的任务，只需理解一些基本的概念，就可以用它编写出适合于各种情况的应用程序。Java 略去了运算符重载、多重继承和数据类型自动转换等模糊的概念，并且通过实现自动垃圾收集大大简化了程序设计者的内存管理工作,有助于减少软件错误。另外,Java 也适合于在小型机上运行,它的基本解释器及类的支持只有 40KB 左右,加上标准类库和线程的支持也只有 215KB 左右,库和线程的支持也只有 215KB 左右。

Java 语言的简单性是以增加运行时系统的复杂性为代价的。以内存管理为例,自动内存垃圾处理减轻了面向对象编程的负担。对开发人员而言,Java 的简单性可以使得程序员的学习曲线更趋合理化,加快了软件的开发进度,减少了程序出错的可能性。

2．面向对象

Java 语言的设计集中于对象及其接口,它提供了简单的类机制以及动态的接口模型。对象中封装了它的状态变量以及相应的方法,实现了模块化和信息隐藏;而类则提供了一个对象的原型,并通过继承机制,使得子类可以使用父类所提供的方法,从而实现了代码的复用。

3．可移植性(平台无关性)

程序的可移植性是指 Java 程序不经修改可以方便地被移植到网络上的不同机器上运行,包括在不同硬件和软件平台上运行。同时,Java 的类库中也实现了与不同平台的接口,使这些类库可以移植于其他平台。另外,Java 编译器是由 Java 语言实现的,Java 运行时系统由标准 C 实现,这使得 Java 系统本身也具有可移植性。可移植性在一定程度上决定了程序的可应用性。

可移植性分为两个层次:源代码级可移植性和二进制代码可移植性。C 和 C++ 只具有一定程度的源代码级可移植性,其源程序要想在不同平台上运行,必须重新编译,而 Java 不仅源代码级是可移植的,甚至源代码经过编译之后形成的字节码,同样也是可移植的。

4．安全性和稳定性

网络分布式计算环境要求软件具有良好的稳定性和安全性。为此,Java 首先摒弃了指针数据类型,这样,程序员就不能凭指针在内存空间中任意"遨游";其次,Java 提供了数组下标越界检查机制,从而使网络"黑客"无法构造出类似 C 和 C++ 语言所支持的那种指针;第三,Java 提供了自动内存管理机制,可以利用系统的空闲时间来执行诸如垃圾清除等操作。例如,Java 不支持指针,一切对内存的访问都必须通过对象的实例变量来实现,这样就可防止程序员使用"特洛伊木马"等欺骗手段访问对象的私有成员,大大提高了网络的安全性和稳定性,同时也避免了指针操作中容易产生的错误。

5．高性能

一般情况下,可移植性、稳定性和安全性几乎都是以牺牲性能为代价的,解释型语言(如 BASIC 语言)的执行效率一般也要低于直接执行源码的速度,而 Java 字节码的设计和多线程的支持,很好地弥补了这些性能的不足,从而得到较高的性能。

(1) 高效的字节码:Java 字节码格式的设计充分考虑了性能因素,其字节码的格式非常简单,能很容易地直接转换成对应于特定 CPU 的机器码。

(2) 多线程:多线程机制使应用程序能够并行执行,而且同步机制保证了对共享数据的正确操作。通过使用多线程,程序设计者可以分别用不同的线程完成特定的行为,而不需要采用全局的事件循环机制,很容易地实现了网络上的实时交互行为。Java提供了完全意义的多线程支持。

（3）即时编译和嵌入C代码：Java的运行环境还提供了另外两种可选的性能提高措施——即时编译和嵌入C代码。在介绍Java历史时,已提到过即时编译,它的另一个作用就是在运行时把字节码编译成机器码,这意味着代码仍然是可移植的,但在开始时会有一个编译字节码的延迟过程,而嵌入C代码在运行速度方面效果当然是最理想的,但会给开发人员带来一些负担,同时还会降低代码的可移植性。

（4）动态性

Java程序的基本组成单元为类,在类库中可以自由地加入新的方法和实例变量,类库升级后不会影响用户程序的执行,使Java程序适应于一个不断发展变化的环境。它允许程序动态地装入运行过程中所需要的类（在C++中,类的变化必将要重新编译）,Java在运行时才确定引用类,而类的编译早在编译阶段已完成,正在编译到运行间的延迟使得Java可以引用最新的类。Java的动态性使用户能够真正拥有"即插即用"的软件模块功能。

（5）分布式

分布式包括数据分布和操作分布。数据分布是指数据可以分散在网络的不同主机上,操作分布是指把一个计算分散在不同主机上处理。Java支持浏览器/服务器（B/S）和客户机/服务器（C/S）两种分布式计算模式。对于前者,Java提供了一个叫做URL的对象,利用这个对象,可以打开并访问具有相同URL地址上的对象,访问方式与访问本地文件系统相同。对于后者,Java的Applet小程序可以从服务器下载到客户端,即部分计算在客户端进行,提高系统执行效率。Java提供了一整套网络类库,开发人员可以利用类库进行网络程序设计,实现Java的分布式特性。

1.5 Java 语言的应用

Java包括桌面（J2SE）、企业（J2EE）、移动（J2ME）三个方面,可想而知,它的应用面非常广,尤其在电子商务、电子政务、电子医务等基于网络的、高度信息化的行业,它们的共同要求就是：安全、可靠,同时要求能与运行于不同平台上的机器（所有客户）开展业务。而Java以其强安全性、平台无关性、语言简洁、面向对象,在网络编程语言中占据无可比拟的优势,成为首选语言。

Java语言有着很好的应用前景,大体上可从以下几个方面来描述。

- 所有面向对象的应用开发,包括面向对象的事件描述、处理、综合等。
- 计算过程的可视化、可操作化的软件开发。
- 动态画面的设计,包括图形图像的调用。
- 交互操作的设计（如选择交互、定向交互、控制流程等）。
- Internet的系统管理功能模块的设计,包括Web页面的动态设计、管理和交互操作设计等。
- Intranet（企业内部网）上的软件开发（直接面向企业内部用户的软件）。
- 与各类数据库连接查询的SQL语句实现。
- 其他应用类型的程序。

1.6 项目案例说明

本书内容的展开,是以"仓库管理系统"的部分模块实现为主要线索的,因此,有必要先了解该系统的需求和设计。下面是案例项目"仓库管理系统"需求和设计的简要描述。

1．系统需求

某物流公司主要从事电子类产品的配送服务,仓储在企业的整个供应链中起着至关重要的作用,如果不能保证正确的进货和库存控制及发货,将会导致管理费用的增加,服务质量难以得到保证,从而影响企业的竞争力。传统简单、静态的仓储管理已无法保证企业各种资源的高效利用。如今的仓库和库存控制作业已十分复杂多样化,仅靠人工记忆和手工录入,不但费时费力,而且容易出错,给企业带来巨大损失。

该物流公司需要开发一个仓储管理系统,通过管理入/出库、仓库调拨、库存调拨等业务,有效控制并跟踪仓库储存过程中的物流和成本管理,实现完善的企业仓储信息管理。同时还要实现与仓储管理相关数据的保存,如供应商、产品等,以便进行数据统计分析。

2．系统设计

"仓储管理系统"设计采用客户机/服务器模式(如图 1-4 所示),包括:供应商管理、产品入库、产品出库、库存管理、特殊品库、调拨管理、盘点管理、库存上限报警以及用户管理等。限于篇幅,选取系统中的部分功能模块作为教学案例项目:用户管理、供应商管理模块及产品入库处理模块。功能描述如下:

(1)产品入库处理。由仓储工作人员(用户)负责,主要实现对产品资料的查询、添加、删除、修改工作。

(2)供应商资料管理。由仓储工作人员(用户)负责,该模块主要实现对客户的查询、添加、删除、修改工作。

(3)用户资料管理。由系统管理员(超级用户)负责,该模块主要实现对用户资料的查

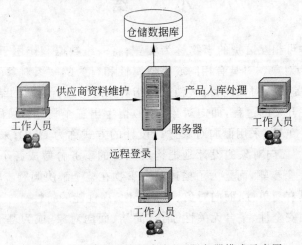

图 1-4 仓储管理系统的客户机/服务器模式示意图

询、添加、删除、修改工作。

允许用户通过网络进行远程登录。

3．系统数据结构

根据系统设计需要，设计相应的数据表，包括产品资料信息表（见表 1-2）、供货商资料信息表（见表 1-3），以及用户资料信息表（见表 1-4）。

表 1-2　产品资料信息表

描　述	字　段	描　述	字　段
产品号	productNo	安全库量	minNumber
产品名称	productName	产品价格	productPrice
产品类别	productClass	产品产地	productArea
产品型号	productType	供应商 ID	supplierID
产品库存量	productNumber	产品描述	productDescript

表 1-3　供应商资料信息表

描　述	字　段	描　述	字　段
供应商 ID	supplierID	所在区域	supplierRegion
供应商姓名	supplierName	供应商地址	supplierAddress
供应商性别	supplierSex	供应商邮箱	supplierE-mail
供应商公司	supplierCompany	供应商电话	supplierPhone

表 1-4　用户资料信息表

描　述	字　段	描　述	字　段
用户名	userName	用户权限	userGrant
用户密码	userPassword		

小　结

（1）客观存在并可相互区别的事物称为实体；将一组数据和作用于其中的一组操作封装而形成的实体称为对象。对具有相同或类似属性和行为的一组对象的共同描述，则称为类；对象间传递消息是研究对象的目的，消息是指对象之间进行通信的结构。

（2）对应于软件开发的过程，面向对象（OO）衍生出三个概念：采用面向对象进行（需求）分析的方式称为 OOA；采用面向对象进行设计的方式称为 OOD；采用面向对象进行编码的方式称为 OOP。面向对象的设计是把构成问题的事务分解成各个对象。建立对象的目的不是为了完成一个步骤，而是为了描述某个事物在整个解决问题步骤中的行为。

（3）Java 语言具有简单性、面向对象、可移植性、高性能的特性。

（4）Java 以其强安全性、平台无关性、语言简洁、面向对象，成为基于网络、高信息化行业的首选编程语言。

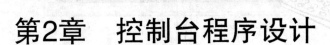

第2章 控制台程序设计

知识要点：

- Java 程序分类
- Java 开发环境与程序的运行
- 类的定义
- 类的四个基本特性
- 接口

引子： 如何利用 Java 编写运行基于面向对象思想的程序

Java 是一种面向对象程序设计语言,也就是说它支持面向对象程序设计思想,主要体现在 Java 是以对象为模型来描述世界,一个按钮是对象,一个人是对象,一个账户也是对象……通过定义类、创建对象、处理对象,以及对象间消息传递,实现程序功能。除此之外,Java 程序的编译运行也有独到之处,"一次编译,到处运行"虽然不完全准确,却体现出 Java 的又一特色——采用 JVM(Java 虚拟机)来作为程序的运行环境。

2.1 认识 Java 程序及其运行

2.1.1 什么是 Java 程序

【例 2-1】 输出 Welcome to Java World!

```
/* WelcomeApp.java */
import java.lang.System;
class WelcomeApp
{
    public static void main(String args[])
    {
        System.out.println("Welcome to Java World!");
    }
}
```

上面的代码段就是一个简单的 Java 程序,运行结果如图 2-1 所示。

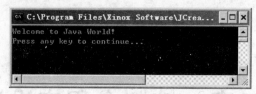

图 2-1 例 2-1 运行结果之一

图 2-1 是 Java 程序的一种执行形式,图 2-2 和图 2-3 则展示了另两种执行效果。

图 2-2 例 2-1 运行效果之二

图 2-3 例 2-1 运行效果之三

这是怎么回事?在了解 Java 程序的分类后就清楚了。根据 Java 程序的执行特点,它被分为两大类型:应用程序(Application)和小应用程序(Applet)。

应用程序是可以独立在任何操作系统平台上执行的程序。根据其界面效果,又可分为基于窗体的应用程序和基于控制台的应用程序。基于窗体的应用程序(基于图形界面的应用程序),是在程序运行过程中始终以一种友好的窗体界面形式展现在用户面前,用户只需要轻点鼠标就可以完成大部分工作。而基于控制台的应用程序(基于字符界面的应用程序),在程序运行过程中始终是一行行的字符展现在用户面前,相对来说比较枯燥。

小应用程序是在 Web 页面内执行的 Java 程序。小应用程序需要浏览器的支持,如 IE 4.0 以上版本、Netscape Navigator 4.0 以上版本或 HotJava,小应用程序通过 Web 浏览器加载 Web 页面时被下载。

小应用程序可以驻留在远程计算机上,当本地机器需要执行时,小应用程序被下载到本地计算机上,由浏览器解释,并与本地的资源库链接起来执行。

因此细分起来,Java 程序有三种:基于控制台应用程序、基于窗体的应用程序、小应用程序。图 2-1、图 2-2 和图 2-3 分别是上述三类程序的运行结果。

当然,它们各自有自己的用武之地。基于控制台的应用程序较适合于一些作为后台运行的应用,它们不需要与用户进行太多的交互,比如服务器端应用程序;基于窗体的应用程序较适合于一些需要与用户进行频繁交互的应用,比如一些信息管理系统的前台系统,用户需要通过它们来输入数据和看到输出的结果,没有良好的界面,用户是不会满意的;小应用程序则较适合于面向大众用户的系统,使用小应用程序不需要把应用程序部署到每个用户的机器中,用户只需要浏览器就可以运行程序了。

2.1.2　Java 开发环境及工具

　　Java 程序的开发,不是从最初始的代码开始编写,而是基于 Java 提供的类集合,这些类已经实现了诸如 I/O 处理、文件处理、网络传输、声音、图像处理、XML 支持等基本功能,掌握它们的用法后,就很容易进行程序的编写,这些类被集中存放在 Java 开发包中。首先介绍 Java 开发包和编写代码工具,而后描述如何安装。

1. Java 开发包

　　Java 开发工具箱(JDK)是 SUN 的 Java 软件开发包。开发包中包含了实现各种各样低层技术的类的集合,这些类提供了很多属性和方法。在这之上就可以开发 Java 应用程序。除此之外,JDK 还为用户提供了集成和执行 Java 应用程序和小应用程序的工具。表 2-1 中列出的就是它们所提供的部分工具。

表 2-1　JDK 提供的主要工具

工　具	作　用
Javac 编译器	用于将 Java 源程序编译成字节码
Java 解释器	Java 解释器,用于解释执行 Java 字节码
Appletviewer	小应用程序浏览器,用于测试和运行 JavaApplet 程序
Javadoc	Java 文档生成器
Javah 工具	C 文件生成器,利用此命令可实现在 Java 类中调用 C++ 代码
jdb 工具	Java 调试器

　　由于应用领域不同,Sun 公司提供了三种版本的 JDK。
- SE(J2SE):标准版(standard edition),通用版本。
- EE(J2EE):企业版(enterprise edition),用于开发 J2EE 应用程序。
- ME(J2ME):微型版(microedition),主要用于移动设备、嵌入式设备上的 Java 应用程序。

第一个版本是程序开发常用的版本,后两个是在这个版本基础上的扩展或精简。

2. Java 开发工具

　　由于 Java 源程序就是一些文本文件,在 Windows 下最简单的编写工具当然是记事本。初学者使用它有助于快速掌握 Java 语言的基本用法(包括编译、运行机制),但这种文本编辑工具没有智能缩进、智能感应等功能,开发大型应用程序时,效率不高。现在,Sun、Borland、IBM 等公司,以及一些开源组织开发出了多种 Java 开发工具,集成了编辑、编译、调试、运行等多功能。比如:JCreator、JBuilder、Eclipse、NetBean、VisualAge For Java、Sun ONE Studio 等。

　　上面介绍了开发包和开发工具,这是进行 Java 程序开发的先决条件。也就是说,先安装 Java 开发包,并选择或安装一个开发工具之后,就可以开始编写、运行 Java 程序了。

3．JDK 的安装

现在，JDK 最新使用版本为 6.0，下载网址是 http：//www. oracle. com/technetwork/ java/javase/downloads/index. html，建议同时下载 JDK 帮助文档，以便更快更准确地掌握 JDK 中类的使用。安装步骤如下：

（1）安装 JDK。运行下载的.exe 程序，利用安装向导，选择安装目录为默认目录 C：\ Program Files\Java，按步骤安装好 JDK。

（2）JDK 的安装与系统环境配置。当安装好 JDK 后，还需要在 Windows 上进行相应 的环境配置，具体过程如下：

① 右击"我的电脑"，选择"属性"→"高级"→"环境变量"→"系统变量"命令。

② 新建一个变量，变量名为 CLASSPATH，变量值为："C：\Program Files\Java\jdk1. 6.0\lib\tools. jar；C：\Program Files\Java\jdk1. 6.0\lib\dt. jar；. ；"，中间用分号隔开，若 修改了安装目录，则需修改成相应的目录。

③ 再新建一个变量，变量名为 JAVA_HOME，变量值为："C：\Program Files\Java\ jdk1.6.0；"。

④ 选择系统变量 PATH。编辑 PATH，在原有变量值后面添加："C：\Program Files\ Java\jdk1.6.0\bin；"。

（3）JDK 测试。单击"开始"菜单，选择"运行"命令，输入"cmd"，单击"确定"按钮，进入 DOS 控制台界面，输入命令 java-version，若出现以下信息，则表示配置成功：

```
java version "1.6.0_11"
Java(TM) 2 Runtime Environment, Standard Edition (build 1.6.0_11-b03)
Java HotSpot(TM) Client VM (build 1.6.0, mixed mode, sharing)
```

这时，说明 JDK 的安装和配置完成了。下面介绍一下相关变量的作用。

① PATH 环境变量：指定命令的搜索路径。在 DOS 命令行中执行命令，如利用 javac 命令编译 java 程序时，系统会到 PATH 变量所指定的路径中查找，看是否能找到相应的命 令程序 javac. exe。

② CLASSPATH 环境变量：指定类的搜索路径。JVM 是通过 CLASSPATH 来寻找 类的，这样，就可以运行已编写好的类。

③ JAVA_HOME 环境变量：指向 jdk 的安装目录。Eclipse、NetBeans、Tomcat 等软 件就是通过搜索 JAVA_HOME 变量来找到并使用安装好的 JDK。在使用这些开发工具 时，需要配置这个变量。

④ J2EE_HOME 环境变量：如果安装了 J2EE，同时又安装了 Eclipse/NetBeans/ Tomcat 等软件，则还要加上 J2EE_HOME 环境变量。

2.1.3 计算机处理 Java 程序的过程

Java 应用程序的特点是"一次编译到处运行"，那么它为什么可以实现这种特点，其实 其中的奥妙就在于 Java 的运行环境——Java 虚拟机。

Java 虚拟机 JVM(Java Virtual Machine)是一种用于计算设备的规范，可用不同的方式（软件或硬件）加以实现，它包括一套字节码指令集、一组寄存器、一个栈、一个垃圾回收堆和一个存储方法域。目前，不同公司推出的 JDK 包括：Open JDK、Jrockit、Sun JDK，以及芯片级实现的 JVM。常用的是 Sun JDK，其基本构成如图 2-4 所示。

图 2-4　JDK 的构成

JDK 包中包括 JRE 和 JDK 两个部分，而 JVM 又是 JRE 的一部分。在开发 Java 程序时，需要有相应的开发环境——JDK；而当程序编译好后要运行时，则要依靠运行环境——JRE。由于一般的 JDK 安装软件中都附有 JRE，所以，无须另外下载安装。

可以说，JVM 是一个假想的、用软件模拟出来的计算机，有着自己想象中的硬件，如处理器、堆栈、寄存器等，以及相应的指令系统。Java 程序是在 JVM 上运行，而不是直接运行于实际机器（硬件平台）上，所以，只要安装有 JVM 的平台，都可以运行 Java 程序。JVM 的体系结构如图 2-5 所示。

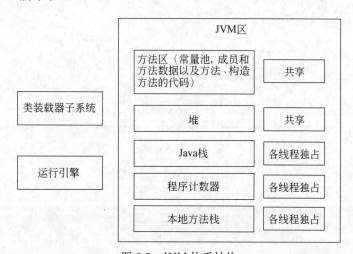

图 2-5　JVM 体系结构

JVM 体系结构中的类装载器子系统，负责将包含在类文件中的字节码装载到 JVM 中，并使其成为 JVM 一部分的过程。类装载是指寻找一个类或是一个接口的二进制形式，并用该二进制形式来构造代表这个类或是这个接口的 class 对象的过程,其中类或接口的名称先给出;class 对象是 java.lang.Class 类生成的对象,用于表示正在运行的 Java 程序中的类和接口。而运行引擎则负责执行包含在已装载的类或接口中的指令。至于 JVM 区的作用,在 2.2 节中再介绍。

那么,Java 应用程序又是怎样在 JVM 上运行的呢?

Java 程序的运行包括编写、编译和执行三个步骤(如图 2-6 所示)。

(1) 编写:编写源代码,生成扩展名为.java 的 Java 源代码文件。

(2) 编译:Java 编译程序将源程序翻译为 JVM 可执行代码——字节码(.class 文件)。字节码文件是一种和任何具体机器环境及操作系统环境无关的中间代码,用二进制表示,是 Java 源文件被 Java 编译器编译后生成的目标代码文件,它必须由专用的 Java 解释器来解释执行。与 C/C++ 的编译有所不同,C 编译器编译后,所生成的代码将在某一特定硬件平台运行,因此,编译时会通过查表将所有对符号的引用转换为特定的内存偏移量,以保证程序运行;Java 编译器却是将这些符号引用信息保留在字节码中,由解释器在运行过程中创立内存布局,然后再通过查表来确定一个方法所在的地址,从而有效地保证了 Java 的可移植性和安全性。

(3) 执行:字节码的执行由 Java 解释器完成。执行过程分三步:代码的装入、代码的校验和代码的执行。代码的装入是由“类装载器”(class loader)完成。类装载器负责装入运行一个程序需要的所有代码,包括程序代码中的类所继承的类和被其调用的类。而后解释器便可确定整个可执行程序的内存布局。接着,进行代码的校验,由字节码校验器对被装入的代码进行检查。校验器可发现操作数栈溢出、非法数据类型转化等多种错误。通过校验后,代码便开始执行了。

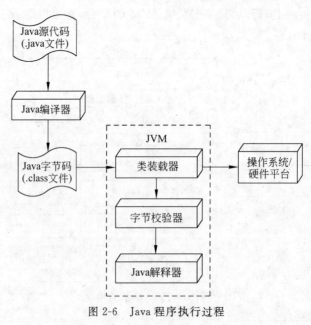

图 2-6 Java 程序执行过程

2.2 任务：编写数字的显示程序

2.2.1 任务描述及分析

1. 任务描述

编写一个程序,能够实现显示数字的功能,运行效果如图 2-7 所示。

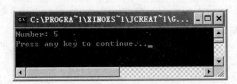

图 2-7 数字显示效果

2. 任务分析

Java 是面向对象的语言,它的程序是由类构成的,因此,解决本任务中的问题,还需要进一步学习类的相关概念,了解 Java 程序的构成和编写的方法,另外,本任务要求显示数字,这意味着还需要了解 Java 有些什么数据类型。解决问题的主要步骤如下:

① 了解类的相关概念。

② 确定 Java 程序构成。

③ 确定显示数字所使用的数据类型,了解数据类型。

④ 确定编写 Java 程序的方法和步骤。

⑤ 编写代码。

2.2.2 知识学习

1. 类的抽象与封装

在第 1 章中,已经给出了类、对象和消息的定义,这里继续介绍面向对象的相关概念。面向对象有四个特性——抽象、封装、继承和多态。抽象与封装与本任务有关,重点阐述,另外两个特性详见后续章节。

类是对具有相同或类似状态和行为的一组对象的共同描述;而抽象是指从同类型的多个事物中,抽取本质且共性的状态、行为的方法。因此,类是对一组对象抽象的结果。利用抽象方法,就可以识别问题域中事物的状态和行为。封装是指将描述对象的数据(即状态)和对数据的操作,或者说类的属性和方法,聚集在一起形成一个完整逻辑单元的机制,只让可信的类或者对象操作,否则隐藏信息。封装将类变成了一个"黑匣子",仅向外界提供接口,外界可以通过接口使用它的功能(即访问属性和方法),但却无法"窥探"其中的"奥秘",更无法改变其中的属性或方法,从而有效地保护了类的内部完整性。继承与多态,这里只作简单描述。继承是类之间"一般"和"特殊"的关系,已有类(父类)可派生出新类(子类),构成类的层次关系;多态是表示同一事物的多种形态。

2. Java 类的定义

具体到Java,定义一个类方式为

```
class 类名{
    //构造方法
    //一个或多个属性
    //一个或多个方法
}
```

其中,类中属性的声明方式为

```
[数据类型 属性名];
```

方法的声明方式为

```
[访问限制符] [返回值类型] 方法名([参数类型 1  参数名 1,参数类型 2  参数名 2]);
```

例如,定义包含一个属性和一个方法的类 myClass:

```
class myClass{
    String name;                                            //属性
    public myClass();                                       //构造方法
    public void display(){System.out.println("hello");}     //方法
}
```

上面的代码表示,类 myClass 包含属性 name 和方法 display()。可以将代码中"{ }"的作用想象为"黑匣子"的外壳。至于构造方法的作用,需要先了解对象的生命周期。对象的生命周期有三个阶段:生成、使用和消除。

1) 对象的生成

对象的生成包括三个方面的内容:声明、实例化和初始化。通常的表述格式为

```
type objectName=new type ( [paramlist] );
```

下面将上式分割为多个元素来解释。

(1) type:组合类型(包括类和接口)。

(2) type objectName:声明,为 type 分配一个引用空间。

(3) new type:实例化,在堆空间创建一个 type 类对象。

(4)([paramlist]):初始化,在对象创建后,立即调用 type 类的构造函数,对刚生成的对象进行初始化。

(5) =:使对象引用指向刚创建的那个 type 对象。

Java 中的内存分为栈内存和堆内存,栈内存用于存放所定义的一些基本类型的变量和对象的引用变量;而堆内存是 JVM 区一部分,包括方法区(Method Area)和堆(Heap)。方法区存储类结构,例如运行时常量池,成员和方法数据以及方法、构造方法的代码;所有的类实例和数组都是在堆中创建的。下面通过例子和图示,进一步说明创建对象的过程和内存的分配,例如:

```
Position p=new Position ();
```

式中的 Position p 表示声明了一个 Position 类,创建该类的引用变量 p,且 p 为 null,如图 2-8 所示;new Position 则表示实例化了一个 Position 类的对象,如图 2-9 所示;"( )"则是调用构造方法,初始化对象。

栈内存

p	→ null

图 2-8　声明类

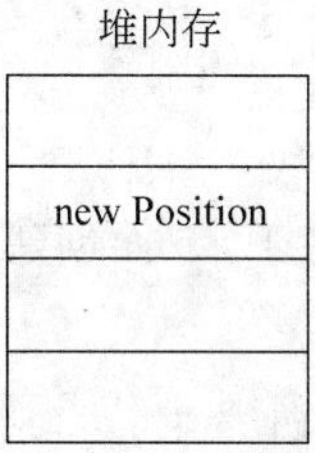

堆内存

new Position

图 2-9　实例化类

> 💬 **说明**　null 是 Java 中的一个关键字,表示对象为空,后续章节还会进一步介绍。

对象创建后,还需要进行初始化,其作用就是通过调用构造方法,对于分配了内存的实例变量赋初值,构造方法可以有参数,也可无参数。构造方法是类实例化为对象时,编译器自动调用的方法。构造方法必须与类同名,而且绝对不允许有返回值。下面举一个有参数的例子:

```
//定义一个 Position 类
class Position {
    int x ;
    int y;
    public Position (){x=1;y=1};              //无参数的构造方法
    public Position (int x1,int y1){x=x1;y=y1};   //有两个参数的构造方法
    public void display(){System.out.println(" hello,I am position object");}
}
//创建一个 Position 类的对象,调用有两个参数的构造方法
Position p=new Position (2,3);
//创建一个 Position 类的对象,调用无参数的构造方法
Position p=new Position ();
```

如果上例中的无参数构造方法内无任何语句,则系统以默认方式对实例变量,进行初始化,因 x,y 为整型变量,所以其初始值为零。

2) 对象的使用

调用对象的方法:

对象名.方法名(参数 1 值,参数 2 值…)

调用对象的变量:

对象名.属性名

这里所说的对象名,实际上是指向对象的引用变量。例如:p. display(" hello,I am position object"),p. x=1。在调用对象方法时,初学者常常会遇到一个问题:程序编译通过,但一运行就出现信息 java. lang. NullPointerException(如图 2-10 所示)。

图 2-10 程序编译出错信息

主要原因在于,下面创建对象的方式也常被用到:

```
Position p;
p=new Position ();
```

通常第一句会出现在属性中,而第二句会出现在某个方法中,使得初学者往往会犯一个错误,就是声明了类,但未进行实例化,就调用对象的方法。由图 2-8 可知,仅仅声明类,系统默认初始 p 值为 null,并未指向某个对象,只有当 p 指向堆内存中的对象时,才可以调用对象的属性或方法(如图 2-11 所示)。

3) 对象的清除

当不存在对一个对象的引用时,该对象将成为一个无用对象。Java 的垃圾收集器会自动扫描对象的动态内存区,把没有引用的对象销毁并释放该对象所占用的资源。

图 2-11 实例化时内存分配情况

3. 数据类型

前面讲述了类的定义,其中类属性声明方式为:[数据类型 属性名],那么,Java 中有些什么数据类型呢? Java 中的数据类型包括:基本类型、引用类型。

1) 基本类型

Java 中的基本类型分为三大类,即布尔型(boolean)、字符型(char)和数值型(byte、short、int、long、float、double),而其中数值型又分为整型(byte、short、int、long)和浮点型(float、double),如表 2-2 所示。

表 2-2 Java 中的简单基本类型

基本数据类型	大小/格式	包 装 类
byte	8-bit	Byte
short	16-bit	Short
int	32-bit	Integer
Long	64-bit	Long
float	32-bit	Float
double	64-bit	Double
char	16-bit	Character
boolean	1-bit	Boolean

例如,本章前面定义的类 Position 的两个属性都是 int 类型。Java 中的基本类型沿用了 C 语言的数据类型,为了避免基本数据类型在相互转换过程中丢失精度,Java 中用包装类将基本类型的变量表示为一个类,表 2-2 中每一种基本类型都对应有一个包装类型,以实现基本类型与包装类的转换。例如,定义一个基本数据类型:

```
double a=1.0;
//把 double 基本类型转换为 Double 包装类型
Double b=new Double(a);
//把 Double 包装类型转换为 double 基本类型
a=b.doubleValue();
```

2) 引用类型

引用类型包括类、接口、数组、字符串类。下面介绍几种常用的类。

(1) 数组:是存储一组相同类型数据的数据结构,要注意不允许改变数组元素的个数。如果数组长度需要改变,可以用另外一种数据结构——数组列表(ArrayList)。数组的定义方法:

```
数据类型[] 数组名称={初始化数值列表};
数据类型[] 数组名称=new 数据类型[数组元素个数];
```

例如:

```
int[] smallPrimes={1,3,4};                    //初始化
int[][] magicSquere={{1,3,4},{3,3,3}};        //多维数组初始化
int[] smallPrimes=new int[3];
int[] smallPrimes=new int[]{1,3,4};
```

【例 2-2】　数组的应用。

```
public class ArrayDemo
{
    int[] x=new int[]{0,1,2,3,4,5,6,7,8,9};    //初始化数组
    public ArrayDemo() { }                     //定义构造方法
    //定义一个显示方法
    public void disp()
    {
        //循环语句,逐个显示数组中的元素
        for(int i=0;i<10;i++){
            System.out.println("Number: "+x[i]);
        }
    }
    //定义 main()方法
    public static void main(String args[])
    {
        ArrayDemo arry=new ArrayDemo();         //创建对象
        arry.disp();                            //调用对象的方法
    }
}
```

（2）字符串类：指多个字符的组合。相关类有 String、StringBuffer 和 StringTokenizer。

① String 类：用于构造一个字符串。它的定义方法有两种：

- String 字符串名＝ new String(字符串常量)。
- String 字符串名＝字符串常量。

例如：

```
String str=new String("hello");
String str="hello";
```

String 类常用方法有：

- length()——获得字符串的长度。
- equals(Object)——与对象 Object 比较是否相等。
- charAt(int)——返回指定位置的字符。
- indexOf(char)——返回指定字符第一次出现的位置。

例如：

```
String str1="jfdsaf";
int soffset=str1.indexOf((int)'d');            //返回字符串 str1 中的'd'的位置
```

下面通过两个问题的分析，进一步理解 String 的用法。

问题 1：String str1＝new String("hello")这条语句中定义了几个 String 类的对象？

答案出人意料，结果表明定义了两个 String 类的对象。前面讲过 JVM 区有一个常量池（用于存放 String、Integer 常量），当上述代码行出现时，JVM 会首先在常量池中找字符串"hello"，找到将不做任何操作，否则创建新的 String 对象并放到常量池里面。运行时遇到了 new，还会在 JVM 区的堆内存再创建一个 String 对象存储"hello"，并将堆内存中的 String 对象返回给 str1（如图 2-12 所示）。

问题 2：在问题 1 的基础上，再创建一个对象 String str2＝"hello"，判断 str1＝＝str2 的返回值是真还是假呢？

答案同样会让人不解，结果是 false，这又是为什么？在创建 str1 之后，再创建对象 str2 时，JVM 也会先在常量池中查找"hello"，若找不到，则创建新 String 对象并存放在常量池中。由于刚才创建 str1 时，已在常量池中存放了一个"hello"，所以，JVM 什么也不做，而只是将它的引用赋给 str2，内存变化如图 2-13 所示，由于 str1 与 str2 所指向的不是同一个对象，因此，"str1＝＝str2"为 false。

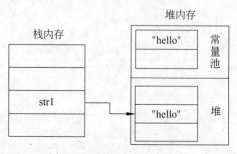

图 2-12　问题 1 中内存变化

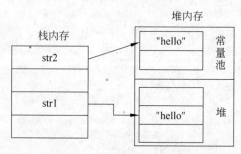

图 2-13　问题 2 中内存变化

② StringBuffer 类：用于构造一个字符串缓冲区，它的定义方法有三种。

- StringBuffer 字符串名＝new StringBuffer(字符串常量)；
- StringBuffer 字符串名＝new StringBuffer(int len)；
- StringBuffer 字符串名＝new StringBuffer()；

例如：

```
StringBuffer strbuf=new String("hello");        //分配"hello"+16个字符缓冲区
StringBuffer strbuf=new String(50);             //分配 50 个字符缓冲区
```

StringBuffer 常用方法有：

- length()——获得字符串的长度。
- setLength(int)——设置字符缓冲区的长度。
- append(String)——在已有字符串之后追加一字符串。
- insert(int,String)——在指定位置后面插入一字符串。
- delete(int,int)——在指定位置开始，到(结束位置－1)的字符。
- reverse()——颠倒字符串的次序。

例如：

```
StringBuffer buf=new StringBuffer("abcdef");     //定义字符串缓冲区 buf
buf.append("ss");                                //buf 中的值为 abcdefss
buf.insert(1,"123");                             //buf 中的值为 a123bcdefss
buf.delete(1,3);                                 //buf 中的值为 a3bcdefss
```

③ StringTokenizer 类：用于构造一个词法分析器类，将一个串分为多个片，以提取或处理其中的单词，它的定义方法有两种：

- StringTokenizer 字符串名＝new StringBuffer(字符串常量)；
- StringTokenizer 字符串名＝new StringBuffer(字符串常量,分隔符常量)；

例如：

```
StringTokenizer strtok=new StringTokenizer("this is a string"," ");
```

> 🖰 **说明** 合理使用 String 和 StringBuffer 类的基本原则：如果要在循环过程中进行串连接等处理时，应使用 StringBuffer 类。例如：
>
> ```
> String s1="aaa";
> String s2="bbb";
> String s=s1+s2;
> ```
>
> 上例中使用 String 类进行处理，执行 s1＋s2 中的"＋"时，将会创建一个 StringBuilder(String) 类对象，并调用其 append() 方法来合并字符串，而后销毁该 StringBuilder 对象，也就是说，执行多少次"＋"操作，就会创建和销毁多少次 StringBuilder 对象。而使用 StringBuffer，则可直接调用 append() 方法，整个处理过程简化了许多。
>
> 另外，使用 String 类还需要注意的一点，就是判断字符串相等时，应使用 equals() 方法，不要使用"＝＝"。因为"＝＝"是用于判断值是否相等，equals() 则用于判断对象的内

容是否相等。例如：

```
String str1=new String("hello");
String str2=new String("hello");
System.out.println(str1.equals(str2));    //结果为 true,因为这两个对象的值相等
System.out.println(str1==str2);           //结果为 false,因为这个比较等式是比较
                                          地址,但这两个对象的地址值不同
```

（3）包装类。包括 java. lang. Integer、java. lang. Float、java. lang. Double 等六种,它的用法前面已讲过。

3）变量初始化

如果在定义变量时,未指定初始化值,则 Java 默认给变量赋初值,其赋值原则是,整数类型(int、byte、short、long)自动赋值为 0,浮点型(float、double)自动赋值为 0.0,布尔类型(boolean)自动赋值为 false,其他引用类型变量自动赋值为 null。

null 本身不是对象,也不属于什么类型。null 是一个关键字,用于标识一个确定的对象,若将 null 赋值给一个引用类型变量时,表示该引用变量指向不确定,它可以用于声明引用类型变量,也可以用于清除原来已创建的对象,即释放内存,等待 JVM 垃圾回收机制去回收。如：

```
//声明一个引用类型变量
Object obj1=null;
//创建一个对象,并用 null 清除该对象
Object obj2=new Object();
obj2=null;
```

null 还可在使用"＝＝"运算符的式中,判断一个引用类型数据是否为 null。

4. 包

Java 中的包(Package)是类(Class)和接口(Interface)的集合。接口在后面会介绍。包的结构实际上是文件系统中的目录,利用包可以更好地管理类和接口。另外,包还有其他的作用：

（1）能够区别名字相同的类,不同包中可以有同名的类。

（2）能够更好地实现访问权限控制。

在编写 Java 程序时,可以使用 Java 包中的类,但前提是先导入包含该类的那个包,可用 import 关键字来标明。例如：

```
import java.lang.*;                          //导入 java.lang 包中的所有类和接口
```

Java 中常用的标准包有：java. lang、java. awt、java. awt. event、java. util、java. swing,以及 java. sql 等。java. lang 包是唯一默认导入的包,即不需要使用 import 导入就可以直接引用其中的类,如 String、System 类。java. awt、java. swing 分别包含了用于图形用户界面的 AWT 和 SWING 组件类。java. awt. event 主要包含事件处理相关类。java. sql 则包含访问数据库的相关类。java. util 包含了许多实用工具类,如日期类 Date 等。

用户也可以自定义包,创建包的步骤如下：

（1）定义 public 类；

（2）首句加"package 包名"；

（3）将该 Java 类保存成后缀为 .class 的文件，并存于以包名为目录名的目录中；

（4）在其他 Java 程序中用"import 包名"就可以使用此包中的所有 public 类。

5．编写 Java 程序

1）Java 程序的构成

一个完整的 Java 程序包括一个主类和多个非主类，但至少有一个主类：

```
class 主类类名{
    //构造方法
    //一个或多个属性
    //一个或多个方法
    //main()方法
}
```

Java 运行环境在开始解释运行 Java 程序时，必须有一个切入点。那么 Java 应用程序中的切入点就是类中所定义的 main()方法，它的表示方法如下：

```
public class Welcome
{
    public static void main(String[] args)
    {
        //do something
    }
}
```

2）编写一个简单的 Java 程序

下面举例说明，如何完整地编写、运行一个 Java 程序。

（1）编写源代码：打开记事本，在编辑窗口中输入下面的代码，保存成后缀为 .java 的文件。其中文件名必须与程序中所定义的类名一致。

【例 2-3】 编写一个 WelcomeDemo 类。

```
import java.lang.*;
//定义主类
public class WelcomeDemo
{
    String str;                        //声明一个属性变量
    //定义构造方法
    public WelcomeDemo()
    {
        str="welcome to Java world!";    //为变量赋值
    }
    //定义类的方法
    public void displayWelcome()
    {
        System.out.println(str);        //显示属性变量的值
    }
    //main()方法
```

```
public static void main(String[] args)
{
    WelcomeDemo wel=new WelcomeDemo();    //创建主类的对象
    wel.displayWelcome();                 //调用对象中的方法
}
}
```

（2）编译：在该文件所在目录下，输入命令行：

```
javac WelcomeDemo.java
```

按 Enter 键，编译通过后，将自动生成类文件 WelcomeDemo.class。

（3）解释运行：同样在文件所在目录下，输入命令行：

```
java WelcomeDemo
```

按 Enter 键，就可以得到下面的运行结果，如图 2-14 所示。

图 2-14　例 2-3 运行结果

2.2.3　任务实施

1. 设计构造类

实现显示数字功能的类，包括一个数字属性、一个构造方法和一个显示数字的方法。

2. 编写执行代码

```
//导入包
import java.lang.*;
Public class Numbers
{
    //定义一个整型类属性
    int x;
    //构造方法
    public Numbers (){
        x=0;
    }
    //显示数字的方法
    public void disp(int y){
        x=y;
        System.out.println("Number: "+x);
    }
    //main()方法
    public static void main(String args[])
    {
        //创建对象
        Numbers dnum=new Numbers ();
        //调用方法
        dnum.disp(5);
```

```
    }
}
```

运行上述代码,可实现 2.2 节中所要求的功能。

练习1:编写显示一个字符串的程序。

2.3 任务:编写整数相加程序

2.3.1 任务描述及分析

1. 任务描述

编写一个程序,能够进行整数相加,其执行效果如图 2-15 所示。

2. 任务分析

整数相加与 2.2 节存在着一定的关系,即都是与
数字相关。2.2 节中的类包括一个整数类的属性和一
种对于整数的操作(整数显示方法),整数相加是对于
整数的另一种操作,可以利用对象的继承来实现,而类
的继承还要考虑其访问限度。解决本任务问题的具体
步骤如下:

图 2-15 整数相加的运行结果

- 进一步了解类的继承。
- 学习访问控制符,以限制继承和访问的程度。
- 利用类的继承实现整数相加功能。
- 编写执行代码。

2.3.2 知识学习

1. 类的继承

类的继承是指在现有类(父类)的基础上,扩展其功能形成新的类(子类)。联想到"子承
父业",这个词的含义是"儿子"继承了"父亲"的产业,意味着"儿子"拥有"父亲"所有的产业,
并在此基础上可创造更多的产业,这样,"儿子"可以使用的产业就是"父亲"和他本人产
业的总和。类似地,子类继承父类,意味着子类可以使用的属性和方法,是父类和该子类
的总和。

一个父类可以有多个子类,所有子类都具有父类的公共特性,子类只需定义除了公共特
性之外的、子类所在特有的特性。继承的概念很好地支持了代码的重用性,也就是说,子类
从父类派生而来,子类可直接利用父类的属性和方法,不必重复定义它们,同时也不会影响
父类的使用。

Java 语言实现类的继承是通过 extends 关键字来实现。来看一个例子,现代书籍包括
电子版和印刷版两类,下面定义一个书籍父类和子类。

【例 2-4】 定义书籍类和印刷版类。

```java
class Book{
    String bookName;
    float bookPrice;
    public Book(){}
    public void display() {
        System.out.println("book name is "+bookName);
    }
}
public class TextBook extends Book{
    String bookPublish;
    public TextBook(){}

    public static void main(String args[]){
        //创建对象
        TextBook tbook=new TextBook ();
        //属赋值性,调用方法
        tbook.bookName="Java 程序设计";
        tbook.bookPrice=23.00;
        tbook.bookPublish="清华大学出版社";
        tbook.display();
    }
}
```

Book 类中定义了书名(bookName)和价格(bookPrice)属性,以及显示书名信息的方法(display())。印刷版类从书籍类派生而来,定义了出版社(bookPublish)属性。main()方法中创建了印刷版类的对象,对所继承的和本身的属性进行了赋值,并调用了父类的方法。

> ☞说明 Java 不支持多重继承,即一个子类只能继承一个父类。如果基类构造函数带参数时,子类的构造函数必须显式调用基类构造函数:super(基类构造函数参数名)。

2. 访问控制符

访问控制符是一组限定类、域或方法是否可以被程序里的其他部分访问和调用的修饰符。即说明被声明的内容(类、属性、方法和构造方法)的访问权限,就像发布的文件一样,在文件中标注机密程度,以表明该文件可以被哪些人阅读。

使用访问控制符,视需要将类中的信息公开部分或全部,这样,若修改类内部隐藏部分内容时,将不会影响到项目中其他类,提高了代码的可维护性。因此,合理地使用访问控制符,有利于整个项目的开发和维护。

在 Java 语言中访问控制权限有四种,可用三个关键字进行表达,依次为:公有的(public)、受保护的(protected)、默认的(默认访问控制符)、私有的(private),其中默认访问控制符是指不书写任何的关键字,也代表一种访问权限。下面通过一个例子学习访问控制符的使用(如图 2-16 所示),有两个包:package1 中有三个类 A、B、D,其中类 A 中定义了属性 x,类 B 是类 A 的子类;package2 中有两个类 C、E,是类 A 的子类。表 2-3 中列出了类 A 中的 x 的访问修饰符不同时,其他几个类访问 x 受到的限制。

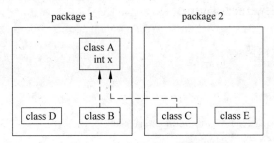

图 2-16 访问控制符使用示意图

表 2-3 访问控制符的使用

访问控制符	类 B	类 C	类 D	类 E
x 声明为 public	可访问	可访问	可访问	可访问
x 声明为 protected	可访问	可访问	可访问	不可访问
x 声明为默认访问控制符	可访问	不可访问	可访问	可访问
x 声明为 private	不可访问	不可访问	不可访问	不可访问

四种访问控制权限的作用。

（1）公有访问控制符 public：包是类的集合，同一包中的类之间无须任何说明可以相互引用，而对于不同包的类，只有当该类声明为 public 时，才能被其他包的类访问，每个 Java 程序的主类都必须是 public 类。属性和方法也是同样的，声明为 public 表明是对外公开的，但过度使用 public 将降低类的安全性。

（2）默认访问控制符：声明为默认访问控制权限时，该类只能被同一个包中的类访问和引用，而不可以被其他包中的类使用，这种访问特性又称为包访问性。类的属性或方法也类似。

（3）保护访问控制符 protected：用 protected 修饰的属性或方法可以被该类自身、同一个包中的其他类、其他包中该类的子类使用 protected 修饰符的主要作用是允许其他包中该类的子类来访问父类的特定属性。

（4）私有访问控制符 private：用 private 修饰的属性或方法，只能被该类自身所访问和修改。private 修饰符主要用于声明仅在类内部使用的属性或方法。

> 说明 类可使用的访问控制符只有 public 和默认访问控制符，而属性、构造方法和方法可以使用上面四种访问控制符中的任何一种。

2.3.3 任务实施

第一步：确定子类的属性和方法

以 2.2 节中类 Numbers 为父类，构造其派生类 IntegerNumbers，类中定义一个相加方法：

```
Public void intSum(int y1,int y2){
    x=y1+y2;
```

```
        System.out.println("result: "+x);
    }
```

第二步：编写执行代码

```
//导入包
import java.lang.*;
//创建派生类
public class IntegerNumbers extends Numbers{
    public IntegerNumbers(){
    }
    //定义相加方法
    public void intSum(int y1,int y2){
        x=y1+y2;
        disp(x);                        //调用父类的显示方法
    }
    public static void main(String args[]){
        IntegerNumbers dnum=new IntegerNumbers();
        dnum.intSum(2,4);                //调用相加方法
    }
}
```

知识延伸：将上述 main()代码修改一下(黑色字体为修改代码部分)：

```
1. public static void main(String args[]){
2.     int i=2;
3.     IntegerNumbers dnum=new IntegerNumbers();
4.     dnum.intSum(i,4);                //传值
5.     System.out.println(i);          //方法外变量的值将不被改变
6. }
```

程序运行结果为：6 和 2，表明语句 4 执行时，传入参数值为 2，并在方法内显示其结果为 6，而语句 5 是在语句 4 后执行，即在 intSum()方法外，结果仍为 2。这里涉及传参数的知识，在 Java 中传参有传值和传引用两种。

(1) 传值方式。采用这种方式时，方法操作的是参数变量(也就是原型变量的一个值的备份)改变的也只是原型变量的一个复制品而已，而非变量本身。因此，变量原型将不会随之改变。

(2) 传引用方式。这种方式传给方法的是变量的引用，当方法传入的参数为非基本类型时(即是一个对象类型的变量)，方法改变参数变量的同时变量原型也会随之改变，但 String、包装类除外(原因是对包装类的引用就是对对应基本类型来操作的，而 String 实际上是 char[]的包装类)。

练习2：编写由两个单词组成的词组的显示程序。

2.4 任务：编写多个整数相加程序

2.4.1 任务描述及分析

1. 任务描述

编写一个程序，能够实现多个整数相加功能。

2．任务分析

与 2.3 节相似,多个整数相加也是对整型数字的一种操作,同时又是 2.3 节两个整数相加功能的变形,可以利用类的多态特性来实现。解决本任务问题的步骤如下:

(1) 进一步了解类的多态。

(2) 利用类的多态实现多整数相加功能。

(3) 编写执行代码。

2.4.2　知识学习

下面介绍类的多态性。

类的多态性是指同样的消息能被发送到父类的对象和其子类的对象。Java 中的多态性主要体现为方法的重载(编译时多态性)和方法的重写(运行时多态性)。先介绍方法的重载和方法的重写的含义。

(1) 方法的重载:如果在一个类中定义了多个同名的方法,它们或有不同的参数个数或有不同的参数类型或有不同的返回值类型,则称为方法的重载(Overloading)。

(2) 方法的重写:如果在子类中定义某方法与其父类有相同的名称和参数,则称该方法被重写 (Overriding)。

再从编译时多态性和运行时多态性的角度来进一步理解。

(1) 编译时多态性。在编译阶段,具体调用哪个被重载的方法,编译器会根据参数的不同来静态确定调用相应的方法。

例如,PrintDemo 类是具有打印功能的类:

```
class PrintDemo{
    //定义打印方法
    public void print(int x){
        System.out.println(" print integer : "+String.valueOf(x));
    }
    public void print(String s){
        System.out.println("print string : "+s);
    }
}
```

PrintDemo 类中有两个相同名字、参数不同的方法 print(),两个方法的功能(打印)相同,但具体情况不同(打印数据类型不同),因此,需要定义含不同的具体内容的方法(定义不同的参数),来代表多种具体实现形式(实现打印整数和字符串两种功能)。编译器根据编写代码中参数的情况(类型和数量),来决定调用实际调用的重载方法的版本。

> 💬 **说明**　例中方法 String．valueOf()的作用是将整型转换为字符串类型。

(2) 运行时多态性。由于子类继承了父类所有的属性(私有的除外),所以,子类对象可以作为父类对象使用。程序中凡是使用父类对象的地方,都可以用子类对象来代替。一个对象可以通过引用子类的实例来调用子类的方法。

例如,Shape 类是几个具体图形的父类,定义了画图功能:

```
class Shape{
    public void draw(){
        System.out.println("draw shape ");
    }
}
//矩形子类
class Rectangle extends Shape{
    //重写 draw()
    public void draw(){
        System.out.println("draw Rectangle ");
    }
}
//圆形子类
class Circle extends Shape{
    //重写 draw()
    public void draw(){
        System.out.println("draw Circle ");
    }
}
```

如果定义 Shape s＝new Shape(),则 s.draw()语句将调用父类的 draw();如果定义 Shape s＝new Circle(),则 s.draw()调用 Circle 类的 draw();如果定义 Shape s＝new Rectangle(),则 s.draw()调用 Rectangle 类的 draw()。也就是说,若子类重写了父类中的方法,在程序运行时,当父类的引用指向实例化的子类对象时,JRE 将会根据调用该子类中的方法。

2.4.3　任务实施

第一步: 确定多整数相加的实现方法
多整数相加是整数相加的另一种形式,可以利用重载 2.3 节中的整数相加方法来实现。

```
//重载 intSum()
public void intSum(int y1,int y2,int y3){
    x=y1+y2+y3;
    System.out.println("result: "+x);
}
```

第二步: 修改 2.3 节中的代码,并编译执行

```
import java.lang.*;
public class IntegerNumbers{
    public void intSum(int y1,int y2){
        x=y1+y2;
        System.out.println("result: "+x);
    }
    //重载 intSum()
    public void intSum(int y1,int y2,int y3){
```

```
        x=y1+y2+y3;
        System.out.println("result: "+x);
    }
    public static void main(String args[])
    {
        IntegerNumbers dnum=new IntegerNumbers();
        dnum.intSum(2,4,6);
    }
}
```

练习3：编写多个单词组合成句子的显示程序。

2.5 拓展：抽象类和接口

1. 抽象类（abstract class）

第1章中讲过的"猫科"是一个类，可派生出"虎"、"猫"、"豹"等，那么是否存在一只真实的猫科动物，且它不是猫科动物中任何一种具体的动物呢？很明显不存在。"猫科"仅仅是一个抽象的概念存在着，具有所有猫科动物的公共特性，任何一种具体的"猫科"动物都是经过特殊化形成了子类的对象，这种类称为抽象类。抽象类既然没有包含足够的信息来描述具体的对象，那么它的存在意义又是什么呢？还是以"猫科"类动物为例：如果有人问"猫"是什么，有人可能会说："猫是一种体形不大、性格温和、行动敏捷、喜爱吃鱼、会捕鼠的猫科类动物。"如果描述"虎"，可能会说："虎是一种体形修长、短跑速度快、十分凶残的猫科类动物。"从这些描述中，可以看出是在已知猫科类动物的基础上的进一步解释，也只有当要求进一步询问什么是猫科动物时，才需要进一步解释。这样，猫科类概括了"猫科"的共同点，形成"猫科"概念，对于其子类的描述只需要在此基础上，描述与其他子类的不同之处，以此类推子类的描述，如此就可以使得所有的概念层次分明，符合人类的思维习惯。

Java中所有对象是由类来描述的，但不是所有类都用于描述对象，即有些没有包含足够的信息来描绘一个具体的对象，这样的类就是抽象类。抽象类往往用于表征开发人员对问题领域进行分析、设计后得出的抽象概念，是对一系列看上去不同，但是本质上相同的具体概念的抽象。

例如，抽象类"图形"，描述了所有图形的边数、面积等公共特性，用代码来描述：

```
//图形抽象类
public abstract class Graph {
    int edgeNum;
    //声明抽象方法
    public abstract void getArea();
    //定义非抽象方法
    public void getParameter(){
        …//获得参数
    }
}
 //方形子类
class Square extends Graph{
```

```
    public Square(int edge){
        this.edgeNum=edge;
    }
    //实现了抽象类中的抽象方法
    public void getArea() {
        //计算面积
    }
    public static void main(String args[]){
        Square s=new Square();
        s.getArea();
    }
}
```

使用抽象类的一些规则：

- 抽象类中可以有抽象方法，也可以没有，但包含抽象方法的类一定是抽象类。
- 抽象方法的表述方法：public 返回类型 方法名（参数列表）。
- 不可以对抽象类直接进行实例化，但可以通过声明抽象类，并将引用指向子类的实例来使用。
- 抽象类可以被子类继承，但子类必须实现抽象类中的抽象方法。
- 抽象类中不可以定义抽象构造方法和抽象静态方法。

2. 接口（interface）

接口听起来比较抽象，这里先来看一个例子，现在许多小电器上（优盘、计算机、数码相机等）都使用了 USB 接口，给人们带来了许多方便。USB 接口实际上就是定义了一个规范，所有的厂家无论电器本身的功能是什么，只要按照这个规范制作电器接口，就可以与符合这个规范的其他设备互连。Java 接口与 USB 接口的意义相同，Java 接口中定义了许多抽象方法，描述了方法名、方法参数、返回类型等，也就是定义了一个规范，在调用方法时，只要遵守接口中方法的规范就可以了，不必关心方法的内部实现，具体的实现留给具体的实现类去做，这样就把调用者和实现者隔离开了，提高了程序的健壮性和复用性。

接口是一个特殊的抽象类，它是由静态常量和抽象方法构成。它用于实现 Java 中的多重继承的结构。接口使用 interface 关键字声明，接口的访问控制符为 public 或默认访问控制符，当没有访问修饰符时，则是默认访问范围，即在包内可以使用该接口。当使用 public 访问符时，则表明该接口类可以被任何代码使用。接口中的方法默认为 public abstract，即方法无实现代码，且其中的变量声明默认为 public static final（静态常量）。如：

```
interface IDC{
    int maxNum=1000;                    //声明静态常量 maxNum
    void Character();                   //声明抽象方法
}
```

由于接口中只有方法的声明，即只有方法的功能描述，而没有方法的实现，在 Java 中要让接口发挥作用，就需要定义一个普通类，重写其中所有方法，称之为接口的实现。一般类实现接口使用关键字 implements。下面举个例子：

```
//声明车辆驾驶接口
```

```java
public interface driverMethod{
    public abstract void methods();
}
//定义小汽车类,实现接口
public class car implements driverMethod{
    String category;
    public car(String category){
        this.category=category;
    }
        //重写了接口中的方法
    public void methods(){
        System.out.println(this.category+"的方式是机动车辆驾驶");
    }
}
```

　　虽然Java不支持类的多继承,但支持实现多接口,那么,一个类只可继承一个类,但可以实现多个接口,若多个接口中有相同方法(指的是完全相同)时,则在类中定义一个就可以了。

　　由于接口是类,所以接口也可以继承,与类不同的是,接口可以多继承,继承的关键字也是extends。这样,子接口可以继承父接口的常量、方法,同时添加自己所特有的常量、方法。

　　在项目开发过程中,接口的应用很频繁。为了进一步学习接口的用法,再来看一个应用例子(可能对于初学者来说,这个例子比较难懂,可以学习了后面的内容再来看):一个应用系统中需要一个读/写文件类,该类包括两个方法:读文件方法readFile()、写文件方法writeFile()。假设应用系统中需要读/写流文件、文本文件、XML三种不同类型的文件,如果不使用接口,则需要定义多个读/写文件的类,代码重复性高,不利于维护。

```java
//定义接口
public interface IRWFile
{
    void readFile(String url,String name);      //读文件
    void wirteFile(String url ,String name);    //写文件
}
//实现接口类
import java.io.*;
public class ReadWriteTextFile   implements IRWFile
{
    private String url=" ";                     //声明文件路径
    private String name=" " ;                   //声明文件名
    public void readFile(String url,String name)
    {
        //读文件的代码
    }
    public void writeFile(String url,String name)
    {
        //写文件的代码
    }
}
```

　　类似地,可以写出读/写流文件或XML类型文件的接口实现。若需要读/写文本文件

时,可以写为:

```
IRWFile  Rw_text=new  ReadWriteTextFile();
```

该语句声明了接口类变量,并将引用指向相应实现接口的类,调用 ReadWriteTextFile 类中的方法,进一步还可创建一个工厂类:

```
public class RWFileFactory
{
    public static IRWFile getReadWriteTextFile
    {
        Return(new ReadWriteTextFile());
    }
}
```

实例化的代码变成:

```
IRWFile  Rw_text=RWFileFactory. getReadWriteTextFile();
```

这样应用系统中需要读/写文件时,只要构造一个 IRWFile 接口对象,而不需要关心工厂类,以及实现接口类的变化,接口在整个过程中不负责任何的具体操作。

> 📖**说明** 不能创建接口对象,即 IRWFile Rw_text＝new IRWFile()不合法。

3. 抽象类与接口的区别

抽象类与接口的区别见表 2-4。

表 2-4　抽象类与接口的区别

方　面	抽　象　类	接　口
作用	作为公共父类为子类的扩展提供基础,这里的扩展包括了属性上和行为上的	一般不考虑属性,只考虑方法,使得子类可以自由地填补或者扩展接口所定义的方法
结构	抽象方法,变量,具体方法(默认方法)	抽象方法,静态常量
使用	不可实例化,但可声明,可通过子类继承,实现其中的抽象方法	通过类实现,且必须实现接口中的所有方法,不可实例化,但可声明
继承方法	子类可以继承一个抽象类	实现类可以实现多个接口,一个接口可以继承多个接口

小　结

(1) Java 程序分为两类:应用程序(Application)和小应用程序(Applet)。而应用程序由于用户界面不同,又可分为基于控制台应用程序、基于窗体的应用程序。

(2) Java 开发依赖于开发环境和运行环境,开发环境由开发包(JDK)与运行环境(JRE)组成。JDK 中提供了开发、编译、运行等实用工具,JRE 则提供了 Java 虚拟机 JVM,以及核心类库。只有安装配置好开发和运行环境,才能开始编写和运行 Java 程序。

(3) 类具有抽象、封装、继承和多态四种特性。

（4）类由属性、构造方法和方法组成。

（5）对象的生命周期有三个阶段：生成、使用和消除。

（6）访问控制符用于限制访问权限，包括 public、默认、protected 和 private。类和接口只能使用 public、默认两种，而类中的属性和方法可以使用其中的任何一种。

（7）Java 中的数据类型有两种：基本类型和引用类型。基本类型包括 int、char 等 8 种；引用类型包括类、接口、数组、字符串类。

（8）包是 Java 类和接口的集合，包的结构实际上在文件系统中就是目录，可以更好地管理类和接口。

（9）抽象类往往用来表征开发人员对问题领域进行分析、设计后得出的抽象概念，是对一系列看上去不同，但是本质上相同的具体概念的抽象。

（10）接口是一种特殊的抽象类，由静态常量和抽象方法组成，可以通过类的实现来完善接口。

本 章 练 习

1. 为什么说 Java 程序与平台无关？

2. 说明 Java 虚拟机的作用。

3. 对象的封装、抽象、继承和多态有什么作用？

4. 定义一个汽车类，具有耗油量、速度、价格属性，启动、减速、换挡方法。

5. 定义汽车的子类——公共汽车类，具有线路编号、首班车时间、末班车时间属性。

6. 利用第 4、5 题中的结果，编写一个程序，显示 123 路公共汽车的始发车时间为 6：00。

7. 定义一个汽车接口，具有启动、减速、换挡三个方法，定义公共汽车类实现该接口，并重新实现第 6 题中的编程要求。

8. 定义银行账户类，具有账户编号、姓名、账户金额、开户时间属性，存款、取款方法，创建账户类的对象，调用存款方法，存入 1000 元，并显示存款数。

9. 定义一个坐标点 Point 类，计算两个 Point 实例间的距离。

10. 编写一个程序，求出 2、8、10、3、23、0、12、16 中的最大数和最小数。

11. 显示 1～100 中的所有奇数。

第3章 程序界面设计

知识要点：

- 用户界面的类型
- Java 中提供的 GUI 组件类
- SWING 组件及应用
- 布局管理器
- 文本、声音和图像文件处理

引子： 软件的用户界面重要吗

软件的用户界面是用户与软件产品间信息传递和交换的媒介，用户通过对界面操作输入预处理数据，程序则通过界面输出运行的结果。对比一下图 3-1 和图 3-2，哪个更令你赏心悦目？答案不言自明，这是因为漂亮的界面更加吸引人。产品的外观设计是影响其销售和推广的重要因素，因为对于用户来说，外观就是产品，只要能完成其想要做的事就行，至于内部如何实现这些功能，用户并不关心。比如：有性能相同、外观设计不同的两款手机，你一定会选择外观更美观的。当然这里所说的外观，不仅仅是指颜色和形状，还包括能够提供给你方便易用的操作界面。比如图 3-3 和图 3-4 所示，同是电子邮箱界面，图 3-4 在写信的过程中，可随时通过左侧树形菜单或是界面主体的窗体切换到收件箱，较图 3-3 方便很多，尽管这只是一个细节，但充分反映了界面设计的重要性。

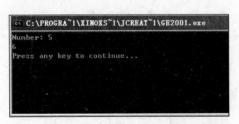

图 3-1 字符界面运行效果

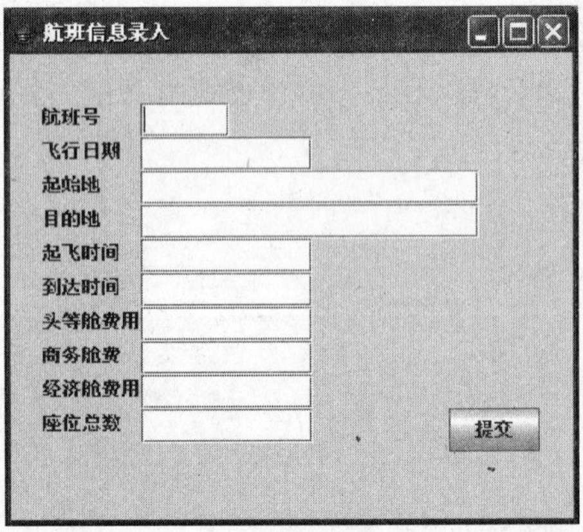

图 3-2 图形界面运行效果

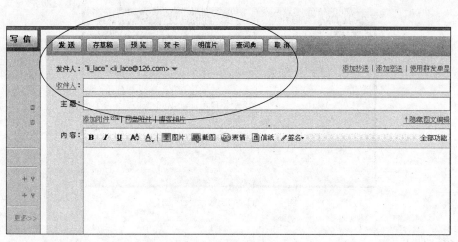

图 3-3　电子邮箱功能界面之一

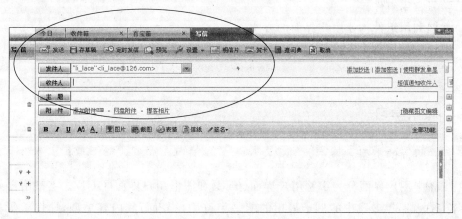

图 3-4　电子邮箱功能界面之二

3.1　任务：设计产品信息录入界面

3.1.1　任务描述及分析

1. 任务描述

仓储管理系统的产品管理模块,其功能是实现产品信息的查询、增加、删除及修改,这里需要为用户提供一个对产品信息录入的界面,效果如图 3-5 所示。

产品信息包括:产品号、产品名称、产品类别、产品型号、产品库存量、安全库存量、产品价格、产品产地、供应商编号、产品描述。

2. 任务分析

利用Java实现产品信息录入界面,需要应用Java中有关用户界面的知识,解决本任务

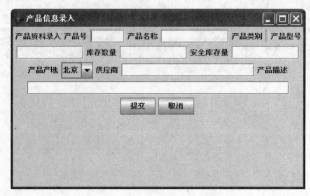

图 3-5　产品信息录入界面

问题的步骤如下：

- 了解 Java 的用户界面类型。
- 学习常用组件。
- 掌握利用组件构建用户界面的方法。
- 设计产品信息录入界面，并分析所需组件类型、形状以及颜色等。
- 编写代码。

3.1.2　知识学习

1. 用户界面的类型

在 Java 中用户界面分为字符用户界面(CUI)和图形用户界面(GUI)。字符用户界面是基于字符方式的，第 2 章中的例子采用的就是字符用户界面，其内容单调，操作繁复。GUI是从 CUI 发展而来，是基于图形方式的，借助于视窗、菜单、标签等代表软件的不同功能，用户使用鼠标或键盘选择即可。Windows 操作系统界面就是 GUI 的代表，具有美观易用的特点。

2. Java 中的 GUI 常用组件类

用户图形界面 GUI 是由各种图形元素所构成的，如窗体、文本框、按钮、组件框等，这些图形元素被称为 GUI 组件。根据组件的作用又将其分为两种：基本组件(组件)和容器。容器是一种特殊的组件，它可以容纳其他组件，是 java.awt.Container 的直接子类或间接子类。Java 中用于 GUI 设计的组件和容器有两种：一是早期版本 JDK 1.0 的 AWT 组件，均从 Component 类派生而来；另一种则是较新的 Swing 组件，均为 JComponent 类的子类。有了 Java 提供的这些组件类，要实现程序的图形用户界面，只要选用其中某些 GUI 组件，实例化之，并放置于恰当位置，即可完成。

1) AWT 组件和 SWING 组件

AWT 为 Abstract Window Toolkit(抽象窗口工具包)的缩写，它是 JDK 1.0 及以上版本中的一个基本工具，用于构建 Java 程序的图形用户界面，由 java.awt.*包提供，它支持图形用户界面编程的功能包括：用户界面组件、事件处理模型、图形和图像工具（如形状、颜色和字体）、布局管理器（布局组件的位置）等。由于 AWT 组件的构图是利用本地操作系统图形库来实现的，也就是说 AWT 组件必须依赖于本地方法，通常称 AWT 组件为重量级组件。如图 3-6 所示为 java.awt.＊层次结构图。

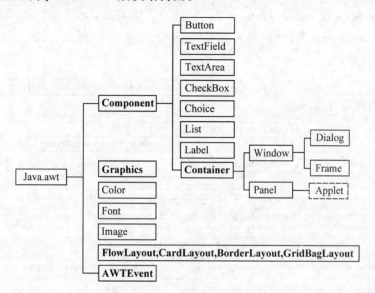

图 3-6　java.awt.＊层次结构图

> 　**说明**　黑色粗体字为 java.awt.＊包中的主要类。Applet 是 Panel 子类，但存在于 java.applet.＊包中。

由于 AWT 组件的初衷是支持 Applet 的简单界面，无法满足图形用户界面发展需要，同时 AWT 组件的功能实现与具体平台相关，造成不同平台图形界面显示效果不同，因此，SUN 公司在 JDK 1.2 版本中推出了 SWING 组件。

SWING 组件是在 AWT 组件基础上构建的一套新的图形界面系统，不仅增强 AWT 原有组件的功能，还提供了更加灵活丰富的新组件和功能，由 javax.swing.＊包提供，SWING组件采用纯 Java 代码而不是使用本地方法实现图形功能，因此，SWING 组件被称为轻量级组件。增强组件在 SWING 组件中的名称通常都是在 AWT 组件名前加一个字母 J。

实际应用中，因 AWT 组件是基于本地方法的 C/C++ 程序，运行速度快，具有简单高效的特点，更适用于平台硬件资源有限的嵌入式应用。相对来说，SWING 组件速度慢，占资源多，适用于平台硬件资源不受限制的桌面应用程序。可以说，在桌面应用程序的界面设计中，SWING 组件已代替了 AWT 组件，本书中的程序全部使用 SWING 组件，但这并不表示AWT 组件已无用处，因为 AWT 组件中事件处理模型、图形和图像工具等功能，在用户界面交互过程中仍起着重要作用，在后面的内容将会详细介绍。

2）认识 SWING 组件

SWING 组件是构筑在 AWT 组件之上的，从图 3-7 中可以看出两者间的关系，SWING组件都是 AWT 组件的 Container 类的直接子类和间接子类，除了对原有 AWT 组件进行了扩展形成新组件，如按钮（JButton）、标签（JLabel）、复选框（JCheckBox）等，SWING 组件还增加了丰富的高级组件集合,如表格(JTable)、树(JTree)等。

java.swing.*是SWING组件所提供的最大包,定义了两种类型的组件:顶层容器(JFrame、JApplet、JDialog和JWindow)和轻量级组件,它包含将近100个类和25个接口,涵盖了几乎所有SWING组件,只有JTableHeader和JTextComponent例外,分别在java.swing.table.*和java.swing.text.*中。从图3-7中可知,大部分SWING组件派生于java.swing.JComponent类,而该类又是Container类的子类,因此,凡派生于JComponent类的组件均为容器。

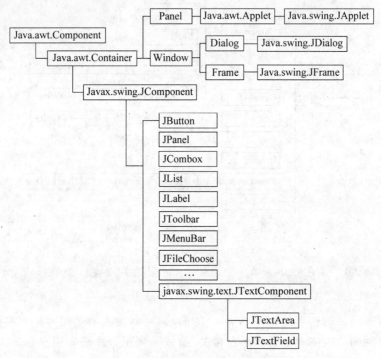

图 3-7　AWT 组件和 SWING 组件

从功能上,可以将SWING组件分为以下6类。

(1) 顶层容器:JWindow、JFrame、JApplet、JDialog。

(2) 中间层容器:JPanel、JScrollPane、JSplitPane、JToolBar。

(3) 特殊容器:起特殊作用的中间层容器,如JInternalFrame、JLayeredPane、JrootPane。

(4) 基本组件:用于人机交互的组件,如JButton、JComboBox、JList、JMenu、JTextField。

(5) 显示不可编辑信息的组件:如JLabel、JProgressBar、ToolTip。

(6) 显示可编辑信息的组件:如JcolorChooser、FileChoose、JfileChooser、Jtable和JTextArea。

根据SWING的构图实现机制,使用SWING组件需遵循一定的规则:

(1) SWING组件不可直接加入到顶层容器(如JFrame),必须先放入与顶层容器相关联的内容面板(中间容器)。

（2）避免 SWING 组件和 AWT 组件混用。

使用 SWING 组件的方法之一。例如：

```
JFame frame=new JFrame();                //创建顶层容器 JFrame 对象
Container con=frame.getContentPane();    //使用 getContentPane()方法得到内容面板
con.add(组件对象);                        //通过内容面板将组件加入到顶层容器
```

上例中，第 2、3 条语句还可以合写成一句 frame. getContentPane(). add(new JButton ())。

使用 SWING 组件的方法之二。例如：

```
JFame frame=new JFrame();                //创建顶层容器 JFrame 对象
JPanel panel=new JPanel();               //创建中间容器 JPanel 对象
panel.add(组件对象);                      //将组件加入内容面板
frame.setContentPane(panel);             //将 panel 设置为顶层容器的内容面板
```

3）常用的 SWING 组件

SWING 组件非常丰富，这里选取部分常用的组件（如表 3-1）进行讲解，只要举一反三，其他组件的用法也不难掌握。

表 3-1　SWING 常用组件

组　件　类	描　　述
JFrame	扩展了 java. awt. Frame 的外部窗体类
JApplet	java. applet. Applet 类的扩展
JButton	能显示文本和图形的按钮类
JCheckBox	能显示文本和图形的复选框类
JComboBox	带下拉列表的文本框类
JDialog	Swing 对话框的基类，扩展了 AWT 的 Dialog 类
JLable	可显示文本和图标的标签类
JList	显示选项列表的组件类
JOptionPane	显示标准的对话框类
JPasswordField	文本框类的扩展，使得输入的内容不可见
JPanel	通用容器类
JRadioButton	单选按钮类
JTable	表格类
JTextArea	用于输入多行文本的文本框类
JTextField	单行文本框类

（1）JFrame 类（框架类）是一个包含标题、边框的顶层窗口。从图 3-7 的类层次上来看，它是 Frame 类的扩展，属于 Container 类。JFrame 类的构造方法有两种：

```
JFrame myFrame=new JFrame();             //不带标题的框架
JFrame myFrame=new JFrame("MyFrame ");   //带标题的框架
```

需要说明的是，用这两种方法创建的框架都是非可视的，只有使用了 setVisible()方法，并设置框架可见性为 true 后，才能显示出来，同时还可以用 setSize()方法设置框架的大小。

【例3-1】 创建一个标题为"Hello Java"的框架,并加入一个文本标签。

```java
//导入 swing 包
import javax.swing.*;
public class Hello_java
{
    JFrame frame;
    JLabel label;
    public Hello_java()
    {
        //创建框架对象 frame
        frame=new JFrame("Hello Java");
        //创建一文本标签
        label=new JLabel("Hello Java");
        //利用 getContentPane()获取内容面板,将文本标签添加到框架的内容面板上
        frame.getContentPane().add(label);
        //设置框架的可见性
        frame.setVisible(true);
        //设置框架的大小
        frame.setSize(300,300);
    }
    public static void main(String[] agrs)
    {
        Hello_java obj=new Hello_java();
    }
}
```

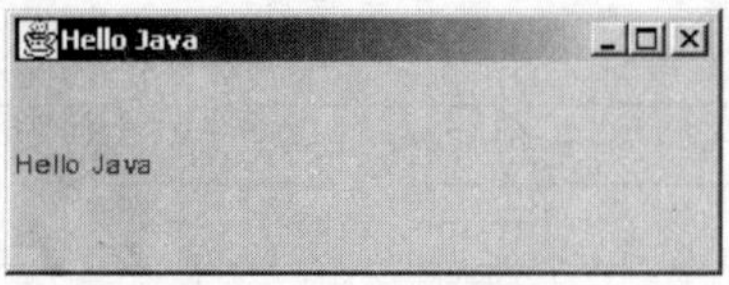

图 3-8　例 3-1 运行结果

例 3-1 的运行结果如图 3-8 所示。

(2) JPanel 类是一个常用的中间层容器类,被称为面板。它可以加入其他组件和容器(如面板)。一般情况下,先将所有的组件加到面板,然后将面板加入到框架。修改例 3-1 代码,说明 JPanel 类的使用:

【例3-2】 利用面板加入标签。

```java
import javax.swing.*;
public class JPanleDemo
{
    JFrame frame;
    JLabel label;
    public Hello_java()
    {
        frame=new JFrame("JPanel Demo");
        label=new JLabel("Hello Java");
        //创建 panel 对象
        JPanel panel=new JPanel();
        //将按钮添加到面板
        panel.add(b1);
        //将面板添加到框架
        frame.getContentPane().add(panel);
        frame.setVisible(true);
        frame.setSize(300,300);

        ...
```

有了面板,就可以将很多不同的框架窗口页面做成不同的 panel,那么在这种情况下,可以随时加载不同的 panel 达到页面转换的效果。下面的语句可以作为参考:

```
//从框架中移除 panel1,加载 panel2
frame.remove(panel1);
frame.getContentPane().add(panel2);
frame.setVisible(true);
frame.setSize(300,300);
```

remove()方法是移除框架中现有的 panel1,然后再加载第二个 panel2。要注意的是该框架需要重新调用 setVisible()和 setSize()方法,相当于刷新一次。

(3) 标签和文本字段。标签是用于用户界面中显示静态文本。用 JLable 类来创建一个标签控件。它的构造方法有多种,常用的有以下两种:

```
JLabel label=new JLabel("Hello,World"); //创建一个显示"Hello,World"的标签
ImageIcon icon=createImageIcon("images/middle.gif");        //创建图标对象
JLabel label=new JLabel(icon);             //创建一个带有图标的标签
```

标签只能够显示一些静态的文本内容,用户不能够修改。如果需要用户进行录入信息,可以用文本字段来接收来自用户的单行文本输入。用 JTextField 类来创建一个输入框控件。用 getText()方法来得到文本输入框中的内容。用 setText()方法来设置文本输入框中的内容。下面例子说明了 JTextField 类的用法。

```
//利用构造方法的参数,设置文本输入框的长度
JTextField text=new JTextField(10);
panel.add(text);
//设置文本输入框中显示的文字
text.setText("mm/dd/yy");
//得到文本输入框中的内容
String birth=text.getText();
```

另外,作为 JTextField 的子类 JPasswordField 是密码输入框控件类,如果输入文本,则默认以"＊"号表示。

JTextField 类是一个单行文本框类,当录入信息超出一行时,可使用多行文本框 JTextArea 类来处理,其构造方法可以设置文本框的行、列数。例如:

```
JTextArea textArea=new JTextArea(5, 20);//创建一个 5 行 20 列的文本框
```

通常,JTextArea 会结合 JscrollPane 类(滚动面板)一起使用。

(4) 列表框和组合框。JList(列表框)和 JComboBox(组合框)类都属于多值组件,它允许用户在其所给的列表中进行选择。考察以下例子,说明如何将 JList 组件加到面板中:

```
JFrame frame=new JFrame("Customer Details Frame");
JPanel panel=new JPanel();
//创建数组,作为 JList 对象的数据源
String[] city={"北京","上海","广州","西安"};
//创建 Jlist 对象,并且将数组绑定到列表对象中
JList listCity=new JList(city);
panel.add(listCity);
frame.getContentPane().add(panel);
```

由于列表框是允许被单选或多选,因此,可用 setSelectionMode()方法来设置列表为单选或多选。该方法的参数见表 3-2。

表 3-2　setSelectionMode()方法中的参数

参　　　数	描　　　述
SINGLE_SELECTION	仅选择一项
SINGLE_INTERVAL_SELECTION	可以选择连续的选项
MULTIPLE_INTERVAL_SELECTION	任意选择多项

其他常用的方法见表 3-3。

表 3-3　JList 的其他常用方法

方　　　法	功　　　能
Object getSelectedValue()	返回选中项的值,null 表未选。若允许选多项,则返回第一项的值
int getSelectedIndex()	返回选中项的索引号,若未选中任何项,则返回 -1。若允许选择多项,则返回选中的第一项索引,索引以 0 开头
Object[] getSelectedValues()	返回选中项的值的数组
int[] getSelectedIndices()	返回选中项的索引的数组
int getMinSelectionIndex()	在需要选中多项时使用,返回最小索引号
int getMaxSelectionIndex()	在需要选中多项时使用,返回最大索引号
void setVisibleRowCount(int count)	用于设置列表框中可见元素的数量
boolean isSelectedIndex(int index)	判断该索引所对应选项是否被选中
boolean isSelectionEmpty()	判断是否选择了,没有选择则返回 true
void setListData(Object[] listData)	设置数组为列表对象的数据源
void setListData(Vector listData)	设置 Vector 对象(可变长数组)为列表对象的数据源

JComboBox(组合框)类是只允许选中单个选项。与创建列表框类似,创建组合框也是在构造的时候传入数组作为数据源。

```
String[] city={"北京","上海","广州","西安"};
JComboBox comboObj=new JComboBox(city);
```

默认情况下,组合框是不可以编辑的,也就是说不允许在组合框中输入数据,用户只能从中选择一项。如果需要使用户能向组合框中输入数据,需要使用 setEditable(true)方法。要检验组合框是否可编辑,使用 isEditable()方法。其他常用方法见表 3-4。

表 3-4　JComboBox 的一些常用方法

方　　　法	功　　　能
void addItem(Object item)	增加选项到组合框
Object getItemAt(int index)	得到指定索引的选项
int getItemCount()	得到组合框中的选项个数
Object getSelectedItem()	得到选中项的值,若未选中任何值,则返回 null
int getSelectedIndex()	得到选中的索引号,若未选中,则返回 null
void setMaximumRowCount(int count)	设置显示在下拉框中的元素个数

(5) 单选按钮和复选框。单选按钮是通过 JRadioButton 来实现，复选框则可通过
JCheckBox 实现。来看下面的例子：

【例 3-3】 单选按钮和复选框的使用。

```
import javax.swing.*;
import java.awt.*;
import java.awt.event.*;
public class Test extends JFrame
{
    JLabel lblLike,lblKnowledge;
    JCheckBox music,tour,dance,book;
    JRadioButton grade,high,college;
    //定义一个按钮组
    ButtonGroup buttonGroup;
    JPanel panel;
    public Test()
    {
        super("Test");
        panel=new JPanel();
        //实例化组合框
        music=new JCheckBox("音乐");
        tour=new JCheckBox("旅游");
        dance=new JCheckBox("跳舞");
        book=new JCheckBox("看书");
        grade=new JRadioButton("小学");
        high=new JRadioButton("中学");
        college=new JRadioButton("大学");
        //实例化按钮组,往组里面添加成员
        buttonGroup=new ButtonGroup();
        buttonGroup.add(grade);
        buttonGroup.add(high);
        buttonGroup.add(college);
        lblLike=new JLabel("你喜欢什么");
        lblKnowledge=new JLabel("你的文化程度");
        panel.add(lblLike);
        panel.add(music);
        panel.add(tour);
        panel.add(dance);
        panel.add(book);
        panel.add(lblKnowledge);
        panel.add(grade);
        panel.add(high);
        panel.add(college);
        Container contentPane=getContentPane();
        contentPane.add(panel);
        setSize(300,100);
        setVisible(true);
    }
    public static void main(String[] args)
```

```
    {
        new Test();
    }
}
```

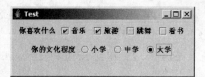

图 3-9 例 3-3 运行结果

例 3-3 运行结果如图 3-9 所示。

在例 3-3 中,通过实例化 JCheckBox 和 JRadio-Button 来创建复选框和单选按钮。但是单选按钮为什么要被放到一个叫 ButtonGroup 的按钮组中呢?

```
buttonGroup=new ButtonGroup();
buttonGroup.add(grade);
buttonGroup.add(high);
buttonGroup.add(college);
```

因为单选和复选不同,用户只能选择一个,选了这个另外一个应自动弹起来,它的名字很有特点,叫"radio",录音机的意思,可以想象成录音机的按钮——按一个另外一个就弹起来。假如不把它们放在按钮组中,则每一个单选按钮就会"各自为战",无法实现只选一个的效果。

不仅如此,这些按钮都提供了 isSelected()方法来判断该按钮是否被选中;setSelected(boolean)方法来设置该按钮为选中状态。

(6)消息对话框。在使用 Windows 操作系统时,经常会因为操作出错而弹出一个对话框,提示出错信息。这种功能在 Java 中,可用 JOptionPane 类来实现。

JOptionPane 类能够定制出多种消息对话框,如消息对话框、出错对话框、警告对话框、询问对话框,等等。实现也比较容易,仅需要调用该类的静态方法就可以了(见表 3-5)。

表 3-5　JOptionPane 类的静态方法

方　　法	功　　能
ShowConfirmDialog()	询问是否确认,如 yes/no/cancel
ShowInputDialog()	提示用户输入
ShowMessageDialog()	告诉用户一些信息
ShowOptionDialog()	自定义选项按钮信息

使用方法如下:

① JOptionPane.showMessageDialog(frame,"this is a information message","Message", JOptionPane.INFORMATION_MESSAGE);

其中的参数含义如下。

- 参数 1:指定该对话框的父容器对象,如果没有可以指定为 null,通常可以指定为已有的 frame 对象。
- 参数 2:指定了对话框中显示的信息。
- 参数 3:指定了对话框任务栏的标题。
- 参数 4:指定了对话框显示的样式。该样式包括 ERROR_MESSAGE(错误消息)、INFORMATION_MESSAGE(提示消息)、WARNING_MESSAGE(警告消息)、QUESTION_MESSAGE(询问消息)、PLAIN_MESSAGE(普通消息)。

例如：上面语句为提示信息对话框的信息时，其显示的效果如图 3-10 所示。

② JOptionPane.showConfirmDialog(frame,"Would you like apple?","sample question",
JOptionPane.OK_CANCEL_OPTION);

其中前面三个参数与前面的方法相同，参数 4 指定显示在对话框上面的选项按钮集。该按钮集包括 DEFAULT_OPTION（带一个"确定"按钮的对话框）、YES_NO_OPTION（带 yes/no 的按钮集）、YES_NO_CANCEL_OPTION（带 yes/no/cancel 的按钮集）、OK_CANCEL_OPTION（带 OK/Cancel 的按钮集）。

上面语句为带有 YES_NO_OPTION 选项集的确定对话框，其显示效果如图 3-11 所示。

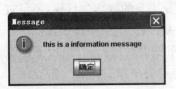　　　　

图 3-10　提示信息对话框　　　　图 3-11　带有 YES_NO_OPTION 的确定对话框

③ JOptionPane.showInputDialog("Please input a value");

函数中参数是用来在输入对话框中显示的提示内容，效果如图 3-12 所示。

④ Object[] options={"Yes, please","I don't like!"};
JOptionPane.showOptionDialog(frame, "Would you like apple?", "sample question",
JOptionPane.YES_NO_OPTION, JOptionPane.QUESTION_MESSAGE, null, options, options
[0]);

其中前面四个参数与 showConfirmDialog() 相同，参数 5 指定对话框样式，参数 6 指定图标（上面语句 null 表示使用默认），参数 7 指定自定按钮标题数组对象，参数 8 则指定默认选择按钮项。

上面语句表示带有两个自定按钮标题的询问对话框，执行结果如图 3-13 所示。

　　　　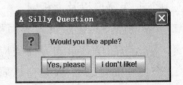

图 3-12　输入对话框　　　　图 3-13　自定义按钮的询问对话框

3. 用户界面设计的基本原则

对于用户来说，是通过界面来使用软件产品的。因此，软件的用户界面应具有体现软件功能、方便与用户交互的特点，在设计时应充分考虑到用户的使用方便性。用户界面设计的基本原则如下。

（1）直观性

从用户的思维和视觉角度考虑，做到界面色彩协调，界面内容一目了然。比如，提供清晰的使用帮助，如按钮上的提示信息，帮助用户了解如何使用软件；对于应用程序的执行状态、结果有明确的输出信息,以便用户清楚如何进一步操作。

（2）一致性

处理相同类型的问题时,采用一致的方式,如:不同功能模块中的录入界面,均采用闪烁光标提示用户输入的位置;录入格式不合法时,弹出外形相同、内容类似的消息框;与相同或相似类型软件产品的"习惯"要一致,如一般应用软件都使用 F1 键提供帮助信息,Microsoft Office 的 Microsoft Word 和 Excel 软件中的"粘贴"命令的快捷键都用 Ctrl＋V 等;录入人员性别采用单选按钮等,一旦用户使用过类似软件,就可以很快掌握新产品的使用。

（3）实用性

界面呈现形式和输入方式应以满足软件产品需要,以及用户的要求为目标,不可过于追求标新立异。如界面加入过多的图片等修饰,会造成视觉疲劳,影响应用程序性能。信息输入方式应根据具体情况来设计,如输入所在城市,可由程序提供城市列表,采用下拉组合框方式,会方便用户操作,同时简化应用程序中的信息合法性验证环节。

以上是用户界面设计的基本原则,在实际应用中,还需要根据具体情况灵活应用,在以后的实例中会逐步示范讲解。

3.1.3　任务实施

第一步：设计产品信息录入界面

解读任务,明确该界面的作用,以及需要什么样的图形元素才能达到功能要求和操作简便。3.1 节任务的要求是设计一个界面,用于产品信息的录入操作,录入内容包括:产品号、产品名称、产品类别……共 10 项。每项内容都要求用户输入,这里"产品产地"项采用下拉组合框方式,其他项内容均对应一个文本输入框,并在所有项前面加一个标签,以提示用户该文本框应输入什么数据。另外,还要加入两个按钮,用于"提交"和"取消"。因此,产品信息处理界面的构成包括:9 个文本输入框、1 个下拉列表框、10 个标签和 2 个按钮,一个标题标签、一个框架窗口以及面板。

第二步：设计产品信息录入界面类

由第一步,产品信息录入界面类应包括 9 个文本输入框属性、1 个组合框属性、11 个标签属性、2 个按钮属性、1 个框架窗口属性和 1 个面板属性。下面先确定各个控件的属性(见表 3-6 和表 3-7),另外,将框架窗口的标题内容和大小分别设定为"产品信息录入"和 500×300;在类的构造方法中,对图形元素类进行实例化,以便类一旦被实例化,即可显示界面上的图形元素。

表 3-6　控件的属性

属　　性	图 形 元 素	属　　性	图 形 元 素
labelProductNo	JLabel	textProductNo	JTextField
labelProductName	JLabel	textProductName	JTextField
labelProductClas	JLabel	textProductClass	JTextField
labelProductType	JLabel	textProductType	JTextField

续表

属　性	图形元素	属　性	图形元素
labelProductNumber	JLabel	textProductNumber	JTextField
labelMinNumber	JLabel	textMinNumber	JTextField
labelProductPrice	JLabel	textProductPrice	JTextField
labelProductArea	JLabel	cmbProductArea	JComboBox
labelSupplierID	JLabel	textSupplierCompany	JTextField
labelProductDescript	JLabel	textProductDescript	JTextField
LabelTitle	JLabel	frame	JFrame
panel	JPanel	cmdSubmit	JButton
cmdCancel	JButton		

表 3-7　文本框的大小

属　性	图形元素	大　小
textProductNo	JTextField	5 个字符
textProductName	JTextField	10 个字符
textProductClass	JTextField	10 个字符
textProductType	JTextField	10 个字符
textProductNumber	JTextField	10 个字符
textMinNumber	JTextField	10 个字符
textProductPrice	JTextField	20 个字符
textSupplierCompany	JTextField	20 个字符
textProductDescript	JTextField	40 个字符

第三步：编写代码

```java
import javax.swing.*;

//产品信息录入界面类
public class ProductInfo
{
    //定义框架和面板属性
    JFrame frame;
    JPanel panel;
    //定义标签属性
    JLabel labelProductNo;
    JLabel labelProductName;
    JLabel labelProductClass;
    JLabel labelProductType;
    JLabel labelProductNumber;
    JLabel labelMinNumber;
    JLabel labelProductArea;
    JLabel labelSupplierCompany;
    JLabel labelProductDescript;
    JLabel labelTitle;
```

```
//定义文本输入框和组合框属性
JTextField textProductNo;
JTextField textProductName;
JTextField textProductClass;
JTextField textProductType;
JTextField textProductNumber;
JTextField textMinNumber;
JComboBox  cmbProductArea;
JTextField textSupplierCompany;
JTextField textProductDescript;
//定义按钮属性
JButton cmdSubmit;
JButton cmdCancel;
//定义组合框选项数组
String[] areas;
//构造方法
public ProductInfo()
{
    //实例化框架类
    frame=new JFrame("产品信息录入");
    //实例化面板类
    panel=new JPanel();
    //获取框架的内容面板,并加入面板对象
    frame.getContentPane().add(panel);
    //实例化标签类
    labelTitle=new JLabel("产品资料录入");
    labelProductNo=new JLabel("产品号");
    labelProductName=new JLabel("产品名称");
    labelProductClass=new JLabel("产品类别");
    labelProductType=new JLabel("产品型号");
    labelProductNumber=new JLabel("库存数量");
    labelMinNumber=new JLabel("安全库存量");
    labelProductArea=new JLabel("产品产地");
    labelSupplierCompany=new JLabel("供应商");
    labelProductDescript=new JLabel("产品描述");
    //实例化文本框和下拉组合框类
    textProductNo=new JTextField(5);
    textProductName=new JTextField(10);
    textProductClass=new JTextField(0);
    textProductType=new JTextField(10);
    textProductNumber=new JTextField(10);
    textMinNumber=new JTextField(10);
    areas=new String[]{"北京","上海","湖北","江西","广东","四川","云南"};
    cmbProductArea=new JComboBox(areas);
    textSupplierCompany=new JTextField(20);
    textProductDescript=new JTextField(40);
    //实例化按钮类
    cmdSubmit=new JButton("提交");
    cmdCancel=new JButton("取消");
    //在面板上添加标签、文本框、下拉组合框和按钮
    panel.add(labelTitle);
```

```
        panel.add(labelProductNo);
        panel.add(textProductNo);

        panel.add(labelProductName);
        panel.add(textProductName);

        panel.add(labelProductClass);
        panel.add(textProductClass);

        panel.add(labelProductType);
        panel.add(textProductType);

        panel.add(labelProductNumber);
        panel.add(textProductNumber);

        panel.add(labelMinNumber);
        panel.add(textMinNumber);

        panel.add(labelProductArea);
        panel.add(cmbProductArea);

        panel.add(labelSupplierCompany);
        panel.add(textSupplierCompany);

        panel.add(labelProductDescript);
        panel.add(textProductDescript);

        panel.add(cmdSubmit);
        panel.add(cmdCancel);
        //设置框架尺寸和可见性
        frame.setSize(500,300);
        frame.setVisible(true);
    }
    public static void main(String[] args)
    {
        new ProductInfo();
    }
}
```

第四步：编译执行

对代码编译、调试,运行可得到本任务中所要求的运行结果。

练习1：设计供应商信息处理界面

模仿3.1节的任务实例,设计供应商信息录入界面,要求性别字段采用选择方式录入,所在区域的范围为广东、北京、上海、湖南、广西、湖北、江西,该怎么设计实现用户界面?

3.2 拓展：SWING 高级组件应用

3.1节实现的是一个典型的用户界面,当应用程序包括多个界面,数据内容复杂时,如何保证用户界面的直观和实用性,为此,Java 提供了许多高级组件,下面列举几个较常用的组件应用。

3.2.1　用菜单组件显示下拉/弹出式菜单

一般应用软件的界面中都会通过可视化的菜单，为用户提供功能选项，如 Windows 操作系统中的资源管理器界面。Java 提供的与菜单相关的类有：JMenuBar(菜单栏)、JMenu (下拉式菜单)、JMenuItem (菜单项)、JPopupMenu(弹出式菜单)和 JToolBar(工具栏)。这些类的应用效果如图 3-14 所示。

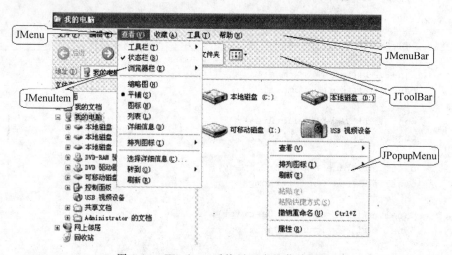

图 3-14　Windows 系统界面中的菜单组件

从图 3-14 可知，JMenuBar、JMenu 和 JMenuItem 是逐层包容，即 JMenuBar 可包含一个或多个 JMenu，JMenu 又包含一个或多个 JMenuItem；JPoputMenu 与 JMenu 相同；JToolBar 是由多个选项按钮组成。了解这些组件的关系和组成，就很容易实现界面上的菜单。下面通过一些实例来进一步学习如何创建各种菜单。

【例 3-4】　创建下拉式菜单。

```java
import javax.swing.*;
import javax.swing.border.*;
import java.awt.event.*;
import java.awt.*;
public class JMenuDemo{
    //构造方法
    public JMenuDemo(){
        //创建框架容器类对象
        JFrame frame=new JFrame();
        //创建菜单栏类对象
        JMenuBar mnubMain=new JMenuBar();
        //创建三个菜单类对象
        JMenu mnuFile=new JMenu("File");
        JMenu mnuEdit=new JMenu("Edit");
```

```java
        JMenu mnuHelp=new JMenu("Help");
        //将菜单加入菜单栏
        mnubMain.add(mnuFile);
        mnubMain.add(mnuEdit);
        mnubMain.add(mnuHelp);
        //创建菜单项类对象,设置菜单项快捷键
        JMenuItem mnuiNew=new JMenuItem("New",KeyEvent.VK_N);    //快捷键 Ctrl+N
        JMenuItem mnuiOpen=new JMenuItem("Open",KeyEvent.VK_O);
        JMenuItem mnuiSave=new JMenuItem("Save",KeyEvent.VK_S);
        JMenuItem mnuiExit=new JMenuItem("Exit",KeyEvent.VK_E);
        //将菜单项加入菜单 File
        mnuFile.add(mnuiNew);
        mnuFile.add(mnuiOpen);
        mnuFile.add(mnuiSave);
        mnuFile.add(new JSeparator());                          //加入分隔符
        mnuFile.add(mnuiExit);
        //创建工具栏对象
        JToolBar tbMain=new JToolBar();
        tbMain.setBorder(new EtchedBorder());                  //加浮雕边框
        //创建按钮对象
        JButton btnFile=new JButton("File");
        //将 File 按钮加入工具栏
        tbMain.add(btnFile);
        //将菜单条加入框架
        frame.setJMenuBar(mnubMain);
        //获取窗体的内容面板,以边界布局方式,将工具栏布局在界面左侧
        frame.getContentPane().add(tbMain,BorderLayout.NORTH);
        frame.setSize(400,400);
        frame.setVisible(true);
    }
    public static void main(String[] args){
        new JMenuDemo();
    }
}
```

例 3-4 运行结果如图 3-15 所示。

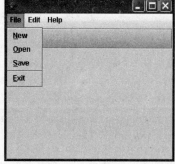

图 3-15 下拉菜单

> **说明** 程序中使用了一些新的类如 KeyEvent(键盘事件)、BorderLayout(边界布局管理器)和 EtchedBorder(浮雕边框),分别由 java.awt.event.*、java.awt.*和 javax.swing.border.*包提供,有关事件和布局知识,可参见第4章。

【**例 3-5**】 创建弹出式菜单。

```
…
//创建菜单项对象
JMenuItem mnuiNew=new JMenuItem("New",KeyEvent.VK_N);
JMenuItem mnuiOpen=new JMenuItem("Open",KeyEvent.VK_O);
JMenuItem mnuiSave=new JMenuItem("Save",KeyEvent.VK_S);
JMenuItem mnuiExit=new JMenuItem("Exit",KeyEvent.VK_E);
//创建弹出式菜单对象
JPopupMenu popmMain=new JPopupMenu();
//将菜单项加入弹出式菜单中
popmMain.add(mnuiNew);
popmMain.add(mnuiOpen);
popmMain.add(mnuiSave);
//设置弹出式菜单位置
popmMain.setLocation(50,80);
//设置弹出式菜单为可见
popmMain.setVisible(true);
…
```

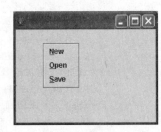

图 3-16 弹出式菜单

例 3-5 运行结果如图 3-16 所示。

3.2.2 用树组件显示分级列表

树是另一种可视化菜单,同时也可用于其他数据的分级显示,起到分类导航的作用。树为层次结构,有一个根节点,所有其他节点为子节点,每个节点表示一个数据项(如图 3-17 所示)。可利用 Java 中 JTree(树组件)实现树形显示。

【**例 3-6**】 利用 JTree 实现资源管理界面设计。

图 3-17 树组件

```
…
//创建框架对象
JFrame frame=new JFrame("资源管理");
//创建存放数据项的数组
String[] files=new String[]{"公文","公司信件","私人文件","个人信件"};
String[] computers=new String[]{"C盘","D盘","E盘","移动硬盘"};
String[] urls=new String[]{"百度","网易","新浪"};
//创建哈希对象,用于存放树的子节点
Hashtable hash1=new Hashtable();
//创建哈希对象,用于存放子节点"收藏夹"的子节点"链接地址"
Hashtable hash2=new Hashtable();
//写入子节点
```

```
hash1.put("我的文档",files);
hash1.put("我的电脑",computers);
hash1.put("收藏夹",hash2);
hash2.put("链接地址",urls);
//创建树对象,将哈希表中的子节点作为参数传入构造方法
JTree treeMain=new JTree(hash1);
//获取框架窗口的内容面板,加入树
frame.getContentPane().add(treeMain);
...
```

运行结果如图 3-17 所示。

3.2.3 用表格组件显示数据记录

当有一组数据需要显示和处理时,采用表格显示,会更加清晰明了,Java 中的 JTable
(表格组件)可以实现这种显示效果。JTable 是由行(记录)、列(数据项)组成(如图 3-17 所
示),它的构造方法有 7 个,这里使用的构造方法为:

```
JTable table=new JTable(int numberRows,int numColumns); //参数为表格行、列数
```

【例 3-7】 用 JTabel 实现图 3-18 中的数据记录显示界面。

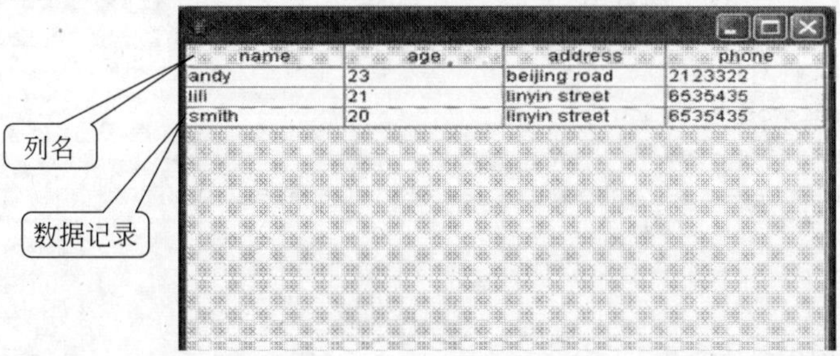

图 3-18 JTabel 控件

```
...
//表格列名数组
String[] columnname=new String[]{"name","age","address","phone"};
//表格记录数组
String[][] record=new String[][]{{"andy","23","beijing road ","2123322"},
        {"lili","21","linyin street","6535435"},{"smith","20","linyin street","
        6535435"}};
//创建表格对象,列名为 columnname,记录元素为 record
JTable table=new JTable(record,columnname);
//创建带滚动条面板对象
JScrollPane scrollPane=new JScrollPane(table);
//将表格加入框架
frame.getContentPane().add(scrollPane);
...
```

> 📖 **说明**　JTable 要先加入滚动面板(JScrollPane),再通过滚动面板加入到窗体中,否则会无法显示列名。使用 JTable 时,也可以先自定义一个表格模式(TabelModel),再利用构造方法 JTabel(TabelModel dm),以实现用户自定义模式的表格。

3.2.4　用文件选择器选取文件

Java 还提供一个文件选择器组件(JFileChooser),使用户可以通过可视化的操作界面实现文件的"打开"/"保存"操作。JFileChooser 类的常用方法见表 3-8。

表 3-8　**JFileChooser 类的常用方法**

方　　法	功　　能
showOpenDialog(Component parent)	弹出"打开"文件对话框
showSaveDialog(Component parent)	弹出"保存"文件对话框
getSelectedFile()	获取所选文件

【例 3-8】　利用 JFileChooser 实现"打开/保存"文件的界面设计。

```java
import javax.swing.*;
public class JFileChooserDemo extends JFrame{
    public JFileChooserDemo(){}
    //"打开"文件对话框方法
    public void openDialog(){
        //创建文件选择对象
        JFileChooser filechooser=new JFileChooser();
        //显示"打开"文件对话框
        filechooser.showOpenDialog(this);
    }
    //打开"保存"对话框方法
public void saveDialog(){
        JFileChooser filechooser_2=new JFileChooser();
        //显示"保存"文件对话框
        filechooser_2.showSaveDialog(this);
    }
    public static void main(String[] args){
      //创建 JFileChooserDemo 对象
      JFileChooserDemo filechooser=new JFileChooserDemo();
      filechooser.openDialog();                    //调用"打开"文件对话框方法
      filechooser.saveDialog();                    //调用"保存"文件对话框方法
    }
}
```

例 3-8 运行结果如图 3-19 所示。

> 📖 **说明**　"打开/保存"文件对话框方法的参数是指该文件选择器组件的父组件,对于例 3-8 来说,父组件为当前框架类 JFileChooserDemo,所以,将 this 传入"打开/保存"文件对话框方法。

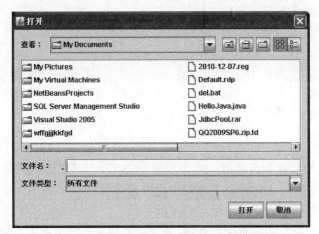

图 3-19 "打开/保存"文件对话框

3.3 任务：合理优化产品信息录入界面

3.3.1 任务描述及分析

1. 任务描述

3.1 节实现的产品信息录入界面,物流公司的仓库管理员感觉不满意,整个界面布局没有条理,操作也不方便,需要程序员实现对该界面的合理优化,效果如图 3-20 所示。

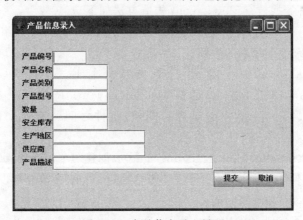

图 3-20 产品信息录入界面

2. 任务分析

3.1 节实现的界面效果,让人感觉整个界面混乱,没有章法,怎样让界面整洁规范,且符合用户的输入习惯呢? Java 提供的布局管理器可以较好地解决这个问题。问题解决步骤如下:

- 了解 Java 的布局管理器。

- 学习常用布局管理器的使用方法。
- 针对产品信息录入界面设计,选择合理的布局进行优化。
- 编写代码。

3.3.2 知识学习

1. 布局管理器

布局管理是决定容器中组件的大小和位置的过程。布局管理器(Layout Manager)负责管理容器中组件的布局。它指明了容器中构件的位置和尺寸大小。通过布局管理器,只需告知想放置的构件同其他构件的相对位置就可以了。当一个容器被创建后,Java会自动地为它创建并分配一个默认的布局管理器,并确定容器中控件的布置。根据项目实际需要,也可以在应用中为不同的容器创建不同的布局管理器,以达到客户所需要的页面效果。AWT提供了FlowLayout、BorderLayout、GridLayout、CardLayout、GridBagLayout等几个类来进行页面设置的管理,它们均继承于java.lang.Object类,存在于java.awt.*包中。容器使用哪个布局管理器,主要是通过下面的容器的setLayout()方法来确定:

```
containtObj.setLayout(layoutObj);
```

其中containtObj是容器对象,layoutObj是布局管理器对象。

1) FlowLayout类

FlowLayout类是流布局管理器类,它是默认布局管理器。流布局管理器可以自动依据窗口的大小,将组件按由左到右、由上到下的顺序来排列。默认情况下,FlowLayout管理器在容器的中心位置开始摆放。FlowLayout构造方法如下。

- FlowLayout():创建一个流布局管理器,组件中心对齐,并且组件与组件之间的上下左右均留有5个像素的空隙。
- FlowLayout(int align):创建一个流布局管理器,其中align参数可以为FlowLayout.LEFT(按左对齐)、FlowLayout.RIGHT(按右对齐)或者FlowLayout.CENTER(中心对齐),同样,组件之间留有5个像素的水平与垂直间隔。
- FlowLayout(int align, int hgap, int vgap):创建一个流布局管理器,其与上面第二个构造方法不同的是多了两个参数,其中hgap、vgap参数分别以像素为单位设置组件之间水平间隔和垂直间隔。

【例3-9】 流布局管理器的应用。

```
import java.awt.*;
import javax.swing.*;
public class SampleLayout
{
    JButton button1, button2, button3;
    FlowLayout f1;
    JFrame frame;
    public SampleLayout()
```

```
        {
            frame=new JFrame("SampleLayout");
            //创建流布局管理器
            f1=new FlowLayout(FlowLayout.LEFT);
            JPanel p1=new JPanel();
            frame.getContentPane().add(p1);
            //容器 p1 使用流布局管理器
            p1.setLayout(f1);
            button1=new JButton("OK");
            button2=new JButton("Open");
            button3=new JButton("Close");
            p1.add(button1);
            p1.add(button2);
            p1.add(button3);

            frame.setVisible(true);
            frame.setSize(300,300);
        }
        public static void main(String[] args)
        {
            new SampleLayout();
        }
    }
```

例 3-9 的运行结果如图 3-21(左对齐)和图 3-22(中间对齐)所示。例 3-9 的构造方法中
实例化了 FlowLayout 流布局管理器,然后通过调用 panel 的 setLayout()方法将布局管理
应用在面板 panel 上。

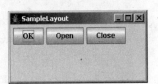

图 3-21 左对齐的流布局

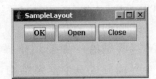

图 3-22 中间对齐的流布局

这种界面布局管理器一般应用在图形元素比较少的情况下,或者界面元素都是非常统
一的一种类型,比如都是统一大小的按钮或者统一大小的文本输入框之类。它的优点是布
局的代码复杂度低。

2) BorderLayout 类

BorderLayout 类是边界布局管理器类,可以使用边界布局按东、西、南、北、中的方位来
布置组件。BorderLayout 类有以下构造函数。

- BorderLayout():创建边界布局管理器。
- BorderLayout(int hgap, int vgap):创建边界布局管理器,并指定控件的垂直间隔
  与水平间隔。

【例 3-10】 边界布局管理器的应用。

```
import java.awt.*;
import javax.swing.*;
```

```
public class SampleLayout2
{
    public SampleLayout2()
    {
        JFrame frame=new JFrame("SampleLayout2");
        JPanel panel=new JPanel();
        //panel 使用边界布局管理器
        panel.setLayout(new BorderLayout());
        //将以下按钮分别摆放在界面的北、南、东、西和中位置
        panel.add(new JButton("North"), BorderLayout.NORTH);
        panel.add(new JButton("South"), BorderLayout.SOUTH);
        panel.add(new JButton("East"), BorderLayout.EAST);
        panel.add(new JButton("West"), BorderLayout.WEST);
        panel.add(new JButton("Center"), BorderLayout.CENTER);
        frame.getContentPane().add(panel);
        frame.setVisible(true);
        frame.setSize(300,300);
    }
    public static void main(String[] args)
    {
        new SampleLayout2();
    }
}
```

例 3-10 的运行结果如图 3-23 所示。这里创建了一个边界布局管理器对象,然后应用于 panel 上。但是加载图形元素时,必须指定这个图形元素放在 panel 的五个方位中的哪个位置,其中 North、South、East、West、Center 五个 static 类型的属性表示北、南、东、西、中的五个方位。

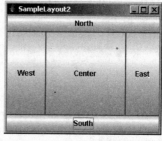

这种布局管理器一般应用于界面的框架布局。比如要把这个界面分成三个框架结构,那么应该在三个方位放置不同的 panel。

图 3-23　边界布局管理器的应用效果

3) GridLayout 类

GridLayout 类是格子布局管理器,它把显示区域编组为矩形格子组,然后将控件依次放入每个格子中,从左到右、自上向下地放置。

- GridLayout(int rows,int cols):创建一个带指定行数和列数的格子布局管理器。布局中所有组件的大小一样。
- GridLayout(int rows,int cols,int hgap,int vgap):创建一个指定行数、列数、水平间隔和垂直间隔的格子布局管理器。

【例 3-11】　格子布局管理器的应用。

```
import java.awt.*;
import javax.swing.*;
public class SampleLayout3
{
    public SampleLayout3()
```

```
        {
            JFrame frame=new JFrame("SampleLayout3");
            JPanel panel=new JPanel();
            panel.setLayout(new GridLayout(3,2));
            panel.add(new JButton("1"));
            panel.add(new JButton("2"));
            panel.add(new JButton("3"));
            panel.add(new JButton("4"));
            panel.add(new JButton("5"));
            panel.add(new JButton("6"));
            frame.getContentPane().add(panel);
            frame.setVisible(true);
            frame.setSize(300,300);
        }
        public static void main(String[] args)
        {
            new SampleLayout3();
        }
    }
```

例 3-11 的黑色字体部分代码,表示创建了一个 3 行 2 列的格子布局管理器,那么在
panel 中摆放按钮的时候,panel 就会按照格子布局管理器的管理将按钮添入到格子中(如图 3-24 所示)。请注意这个例子,其中正好有 6 个按钮摆放在 6 个格子中。那么可以做一个实验,如果格子添满了,若再添入按钮,布局管理将会怎么处理呢?

格子布局管理器一般应用在相同类型的图形元素需要紧凑、整齐摆放的时候。

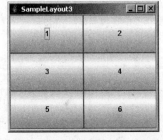

图 3-24　格子布局管理器的应用效果

4) CardLayout 类

CardLayout(卡片布局管理器)是一个比较复杂的
布局管理器。这个管理器可以使得容器像一个卡片盒,而容器中的页面像卡片盒中的卡片一样任意翻动显示。可以想象一下在手机使用过程中,不断单击不同功能选项的效果。

- CardLayout():创建一卡片布局管理器。
- CardLayout(int hgap, int vgap):创建一卡片布局管理器,并指定左右边距和上下边距。

为了使得卡片能在容器中一个一个地显示,CardLayout 类提供了几种方法,见表 3-9。

表 3-9　CardLayout 类的主要方法

方　　法	描　　述
first(Container parent)	显示第一张卡片
last(Container parent)	显示最后一张卡片
next(Container parent)	显示下一张卡片
previous(Container parent)	显示上一张卡片
show(Container parent,String name)	显示指定名称的卡片

【例 3-12】　卡片布局管理器的应用(注意,代码中牵涉第 4 章事件处理的内容,这里主要看黑体字部分)。

```java
import java.awt.*;
import javax.swing.*;
import java.awt.event.*;
public class SampleLayout4 implements ActionListener
{
    JPanel panel1;
    JPanel panel2;
    JPanel panel3;
    JPanel panel4;
    JPanel panel5;
    JPanel panel6;

    JLabel label1;
    JLabel label2;
    JLabel label3;
    JLabel label4;
    JButton button1;
    JButton button2;
    JButton button3;
    JButton button4;

    CardLayout cardLayout;

    public SampleLayout4()
    {
        JFrame frame=new JFrame("SampleLayout4");
        panel1=new JPanel();
        panel2=new JPanel();
        panel3=new JPanel();
        panel4=new JPanel();
        panel5=new JPanel();
        panel6=new JPanel();

        label1=new JLabel("card1");
        label2=new JLabel("card2");
        label3=new JLabel("card3");
        label4=new JLabel("card4");

        button1=new JButton("first");
        button2=new JButton("next");
        button3=new JButton("preview");
        button4=new JButton("last");

        button1.addActionListener(this);
        button2.addActionListener(this);
        button3.addActionListener(this);
```

```
        button4.addActionListener(this);
        //使用边界布局管理
        frame.getContentPane().setLayout(new BorderLayout());
        frame.getContentPane().add(panel1,BorderLayout.NORTH);
        frame.getContentPane().add(panel2,BorderLayout.SOUTH);
        //使用格子布局管理
        panel2.setLayout(new GridLayout(1,4));
        panel2.add(button1);
        panel2.add(button2);
        panel2.add(button3);
        panel2.add(button4);
        panel3.add(label1);
        panel4.add(label2);
        panel5.add(label3);
        panel6.add(label4);
        //使用卡片布局管理
        cardLayout=new CardLayout();
        panel1.setLayout(cardLayout);
        panel1.add("card1",panel3);
        panel1.add("card2",panel4);
        panel1.add("card3",panel5);
        panel1.add("card4",panel6);
        frame.setVisible(true);
        frame.setSize(300,300);
    }
    //当按下按钮的时候会触发这个方法的执行
    public void actionPerformed(ActionEvent evt)
    {
        Object obj=evt.getSource();
        if(obj==button1)
        {
            cardLayout.first(panel1);
        }
        if(obj==button2)
        {
            cardLayout.next(panel1);
        }
        if(obj==button3)
        {
            cardLayout.previous(panel1);
        }
        if(obj==button4)
        {
            cardLayout.last(panel1);
        }
    }
    public static void main(String[] args)
    {
        new SampleLayout4();
```

```
    }
}
```

这个例子使用了边界布局管理、格子布局管理和卡片布局管理(见图 3-25)。利用边界布局将界面构成上下两个框架结构,每一个框架中放置一个panel:

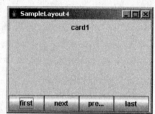

图 3-25　卡片布局管理器的应用效果

```
frame.getContentPane().setLayout(new BorderLayout());
frame.getContentPane().add(panel1,BorderLayout.NORTH);
frame.getContentPane().add(panel2,BorderLayout.SOUTH);
```

在 panel2 上使用格子布局管理,用于摆放 4 个按钮:

```
panel2.setLayout(new GridLayout(1,4));
panel2.add(button1);
panel2.add(button2);
panel2.add(button3);
panel2.add(button4);
```

在 panel1 上放置 4 张卡片,使用卡片布局管理,可以随时进行换页:

```
cardLayout=new CardLayout();
panel1.setLayout(cardLayout);
panel1.add("card1",panel3);
panel1.add("card2",panel4);
panel1.add("card3",panel5);
panel1.add("card4",panel6);
```

panel1 的 add()方法第一个参数是给添加的卡片一个标识,第二个参数是将一个面板作为一个卡片加载到 panel1 中。上例中,一共加载了 4 个面板,默认程序运行时首先显示第一个卡片。

这里,还加入了 4 个按钮来用于导航,在按钮的事件处理代码中,调用卡片布局管理器对象的几个导航方法如下:

```
cardLayout.first(panel1);
cardLayout.next(panel1);
cardLayout.last(panel1);
cardLayout.previous(panel1);
```

其中容器面板 panel1 作为导航的对象,必须作为参数传入。

卡片布局管理器适用于在一个框架中需要不断转换页面的界面效果,比如常见的应用软件的安装过程。

5) GridBagLayout 类

以上几个布局管理器都能够帮助程序员完成特定界面的设计,但如果想设计更复杂的界面布局,它们就有些无能为力了。

GridBagLayout(GridBag 布局管理器)是 AWT 所提供的最灵活、最复杂的布局管理器。类似于格子布局,GridBag 布局管理器把组件组织为长方形的网格,并且可以灵活地把组件放在长方形网格中的任何的行和列中。它也允许特定的组件跨多行或列。

因为位置灵活,将会牵涉多个方位的值,比如 X 坐标和 Y 坐标。为了将相关位置信息设置好,有必要了解 Java 中的图形坐标,坐标系如图 3-26 所示,原点即为界面的左上角。

图 3-26　屏幕坐标系统

GrigBag 布局管理器提供了 GridBagConstraints 类来保存位置信息。通过设置 GridBagConstraints 对象的属性来设置方位信息。

方位信息设置好后,还需要把它绑定在特定的组件上,GrigBag 布局管理器就是通过该组件上绑定的 GridBagConstraints 对象中的方位信息来布局组件。通过使用 GridBagLayout 类提供的 setConstraints()方法将 GridBagConstraints 类对象绑定到相应组件上,从而完成了该组件的方位信息设置,setConstraints()方法的调用格式如下:

```
setConstraints(component,gbc);
```

其中,component 为组件对象,gbc 为 GridBagConstraints 类对象。

【例 3-13】　GrigBag 布局管理器的应用。

```
import java.awt. * ;
import javax.swing. * ;
import java.util. * ;
public class SampleLayout5
{
    JFrame frame;
    JPanel panel;
    GridBagLayout gridbag;
    GridBagConstraints c;
    protected void makebutton(String name,GridBagLayout gridbag,GridBagConstraints c)
    {
        JButton button=new JButton(name);
        gridbag.setConstraints(button, c);
        panel.add(button);
    }
    public SampleLayout5()
    {
        frame=new JFrame("SampleLayout5");
        //创建布局对象
        gridbag=new GridBagLayout();
        //创建布局方位对象
        c=new GridBagConstraints();
        //panel 使用 Gridbag 布局管理器
        panel=new JPanel();
        panel.setLayout(gridbag);

        c.fill=GridBagConstraints.BOTH;
        c.weightx=1.0;
        makebutton("Button1", gridbag, c);
```

```
        makebutton("Button2", gridbag, c);
        makebutton("Button3", gridbag, c);

        c.gridwidth=GridBagConstraints.REMAINDER;
        makebutton("Button4", gridbag, c);

        c.weightx=0.0;
        makebutton("Button5", gridbag, c);

        c.gridwidth=GridBagConstraints.RELATIVE;
        makebutton("Button6", gridbag, c);

        c.gridwidth=GridBagConstraints.REMAINDER;
        makebutton("Button7", gridbag, c);

        c.gridwidth=1;
        c.gridheight=2;
        c.weighty=1.0;
        makebutton("Button8", gridbag, c);

        c.weighty=0.0;
        c.gridwidth=GridBagConstraints.REMAINDER;
        c.gridheight=1;
        makebutton("Button9", gridbag, c);
        makebutton("Button10", gridbag, c);

        frame.getContentPane().add(panel);
        frame.setSize(400,400);
        frame.setVisible(true);
    }
    public static void main(String[] args)
    {
        new SampleLayout5();
    }
}
```

例 3-13 的运行结果如图 3-27 所示。

下面重点关注上面各个按钮的位置信息的设置情况：

```
c.fill=GridBagConstraints.BOTH;
c.weightx=1.0;
makebutton("Button1", gridbag, c);
makebutton("Button2", gridbag, c);
makebutton("Button3", gridbag, c);
```

在这几行代码中，Button1、Button2、Button3 全部使用了同一类位置信息设置，其中牵涉了 GridBagConstraints 对象的 fill 属性和 weightx 属性。

fill 属性可以用来确定如何在它的显示区域

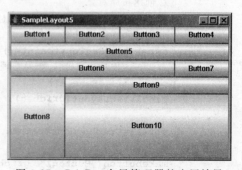

图 3-27　GrigBag 布局管理器的应用效果

内显示组件,其有效值见表 3-10。

表 3-10　fill 属性的有效值

有　效　值	描　　述
GridBagConstraints. NONE	按组件的默认高度和宽度填充
GridBagConstraints. HORIZONTAL	在不改变高度的情况下,填满水平方向的显示区域
GridBagConstraints. VERTICAL	在不改变宽度的情况下,填满垂直方向的显示区域
GridBagConstraints. BOTH	填满整个显示区域

weightx 属性确定此组件是否要水平方向拉长填入显示区。默认值均为 0(不拉长),另一效值为 1(拉长)。相对应地,还有一个 weighty 属性确定此组件是否垂直拉长填入显示区。

虽然前面三个按钮既要填满整个显示区域,而且要水平拉伸,但从运行效果图看到并不是这样,原因是后面的按钮推挤所至。

```
c.gridwidth=GridBagConstraints.REMAINDER;
makebutton("Button4", gridbag, c);
c.weightx=0.0;
makebutton("Button5", gridbag, c);
c.gridwidth=GridBagConstraints.RELATIVE;
makebutton("Button6", gridbag, c);
c.gridwidth=GridBagConstraints.REMAINDER;
makebutton("Button7", gridbag, c);
```

需要注意的是,由于是同一个 GridBagConstrains 对象,因此,在前面设置的属性,应用在后面的组件上同样有效。

对于 button4、button5、button6、button7 来说,牵涉的属性有 gridwidth、weightx。这两个属性分别指出组件显示区域中列、行的数目,它们的默认值均为 1。如果将 gridwidth 设置为 GridBagConstraints. REMAINDER,则表明该组件后面不能再摆放其他组件,或者说如果要继续摆放组件,只能在下一行摆放。如果将 gridwidth 设置为 GridBagConstraints. RELATIVE,则表明可以在后面继续摆放组件。从图 3-27 可以看出,button4 后面的 button5 只能摆放在下一行,而 button6 后面又可以继续摆放 button7。相对应地,还有一个 gridheight 属性指出组件显示区域中行的数目。

```
c.gridwidth=1;
c.gridheight=2;
c.weighty=1.0;
makebutton("Button8", gridbag, c);
```

从上面代码中可知,"gridwidth=1"表明该组件要占一列;"gridheight=2"表明该组件要占两行;"weighty=1"表明该组件要垂直拉伸填充显示区域。从图中可以看到 Button8 的显示效果。

```
c.weighty=0.0;
c.gridwidth=GridBagConstraints.REMAINDER;
c.gridheight=1;
```

```
makebutton("Button9", gridbag, c);
makebutton("Button10", gridbag, c);
```

在这几行代码中，weighty 设置为 0，gridheight 设置为 1，都被设置为默认状态，gridwidth 设置为 GridBagConstraints. REMAINDER，表明 Buttonn9 和 Button10 不能平行摆放。最终效果就是上面所有代码表现出来的效果。

不过，在本例中还有几个 GridBagConstraints 属性没有被用上。

（1）anchor。当组件小于其显示区域时使用该属性，为在显示区域内确定放置组件的位置。其有效值为

```
GridBagConstraints.CENTER (default)
GridBagConstraints.NORTH
GridBagConstraints.NORTHEAST
GridBagConstraints.EAST
GridBagConstraints.SOUTHEAST
GridBagConstraints.SOUTH
GridBagConstraints.SOUTHWEST
GridBagConstraints.WEST
GridBagConstraints.NORTHWEST
```

（2）gridx，gridy。属性 gridx 和 gridy 分别指出放置组件的长方形网格的行与列的数目。长方形网格最左面列为 gridx＝0，最顶部为 gridy＝0。

GridBagLayout 布局管理器适应于对多种不同类型图形元素的摆放，因此，程序界面设计中使用较多。

3.3.3　任务实施

第一步：确定产品信息录入界面的图形元素位置

3.1 节已经实现的产品信息录入界面不够合理、方便，因此，需要根据功能要求和用户使用习惯，合理设计产品信息录入界面中图形元素的布局。将界面中的控件划分，按照其作用划分为几组，如"提交"和"取消"按钮作为一组，每一组内的图形元素摆放方式相同。

第二步：选择合适的布局管理器

产品信息录入界面中包括多种图形元素，显然流布局不适合，而边界布局主要用于整体框架设计，也不能用；格子布局要求紧凑，而且类型统一，也可以排除；卡片布局则更不合适；最终，选择 GridBag 布局。

使用 GridBag 布局，需要认真考虑每一个图形元素的摆放位置，位置恰当与否直接影响整个界面的效果。从运行效果（见图 3-20）来看，图形元素是从面板的右侧向外扩展，而且每一个图形元素的纵横坐标是有序的，因此，界面中的每个图形元素的位置可以设定为

```
anchor=GridBagConstraints.NORTHEAST
gridx= * *
gridy= * *
```

其中 gridx 和 gridy 是定义横纵坐标，按照图中的样例，把第一个图形元素，即"产品编号"标签设定 gridx 为 1，gridy 为 3。旁边与它水平相邻元素（"产品编号"输入框）的 gridx

加3,与它垂直相邻元素("产品名称"标签)的 gridy 加3。其他以此类推。

第三步: 确定每个图形元素的布局方位

通过第二步的分析,可将界面的图形元素逐个进行方位设置(见表3-11)。

表 3-11　图形元素方位设置

控　件	gridx	gridy
labelProductNo	1	5
textProductNo	4	5
labelProductName	1	8
textProductName	4	8
labelProductClass	1	11
textProductClass	4	11
labelProductType	1	14
textProductType	4	14
labelProductNumber	1	17
textProductNumber	4	17
labelMinNumber	1	20
textMinNumber	4	20
labelProductArea	1	23
textProductArea	4	23
labelSupplierCompany	1	26
textSupplierCompany	4	26
labelProductDescript	1	29
textProductDescript	4	29
buttonSubmit	8	32
buttonCancel	10	32

第四步: 编写代码(省略了与 3.1 节中相同的代码)

```
import javax.swing.*;
import java.awt.*;
import java.lang.*;
public class ProductGUI extends JFrame
{
    …//声明窗体、标签、文本框以及按钮
    //声明布局类变量
    GridBagLayout gl;
    GridBagConstraints gbc;

    public ProductGUI()
    {
        //frame=new JFrame();
        super("产品信息录入");
        //实例化布局类对象
        gl=new GridBagLayout();
```

```
        gbc=new GridBagConstraints();
        //获取框架的内容面板(中间层容器)
        content=this.getContentPane();
        //设置布局
        content.setLayout(gl);
        …//实例化标签对象
        …//实例化文本框对象

        //实例化按钮对象
        buttonSubmit=new JButton("提交");
        buttonCancel=new JButton("取消");

        //设置组件的位置
        gbc.anchor=GridBagConstraints.NORTHWEST;
        gbc.gridx=1;
        gbc.gridy=5;
        gl.setConstraints(labelProductNo,gbc);
        content.add(labelProductNo);

        gbc.gridx=4;
        gbc.gridy=5;
        gl.setConstraints(textProductNo,gbc);
        content.add(textProductNo);

        gbc.gridx=1;
        gbc.gridy=8;
        gl.setConstraints(labelProductName,gbc);
        content.add(labelProductName);

        gbc.gridx=4;
        gbc.gridy=8;
        gl.setConstraints(textProductName,gbc);
        content.add(textProductName);

        gbc.gridx=1;
        gbc.gridy=11;
        gl.setConstraints(labelProductClass,gbc);
        content.add(labelProductClass);

        gbc.gridx=4;
        gbc.gridy=11;
        gl.setConstraints(textProductClass,gbc);
        content.add(textProductClass);

        gbc.gridx=1;
        gbc.gridy=14;
        gl.setConstraints(labelProductType,gbc);
        content.add(labelProductType);

        gbc.gridx=4;
        gbc.gridy=14;
```

```
gl.setConstraints(textProductType,gbc);
content.add(textProductType);

gbc.gridx=1;
gbc.gridy=17;
gl.setConstraints(labelProductNumber,gbc);
content.add(labelProductNumber);

gbc.gridx=4;
gbc.gridy=17;
gl.setConstraints(textProductNumber,gbc);
content.add(textProductNumber);

gbc.gridx=1;
gbc.gridy=20;
gl.setConstraints(labelMinNumber,gbc);
content.add(labelMinNumber);

gbc.gridx=4;
gbc.gridy=20;
gl.setConstraints(textMinNumber,gbc);
content.add(textMinNumber);

gbc.gridx=1;
gbc.gridy=23;
gl.setConstraints(labelProductArea,gbc);
content.add(labelProductArea);

gbc.gridx=4;
gbc.gridy=23;
gl.setConstraints(textProductArea,gbc);
content.add(textProductArea);

gbc.gridx=1;
gbc.gridy=26;
gl.setConstraints(labelSupplierCompany,gbc);
content.add(labelSupplierCompany);

gbc.gridx=4;
gbc.gridy=26;
gl.setConstraints(textSupplierCompany,gbc);
content.add(textSupplierCompany);

gbc.gridx=1;
gbc.gridy=29;
gl.setConstraints(labelProductDescript,gbc);
content.add(labelProductDescript);

gbc.gridx=4;
gbc.gridy=29;
gl.setConstraints(textProductDescript,gbc);
content.add(textProductDescript);
```

```
        gbc.gridx=8;
        gbc.gridy=32;
        gl.setConstraints(buttonSubmit,gbc);
        content.add(buttonSubmit);

        gbc.gridx=10;
        gbc.gridy=32;
        gl.setConstraints(buttonCancel,gbc);
        content.add(buttonCancel);

        this.setSize(650,400);
        this.setVisible(true);
    }
    public static void main(String[] args)
    {
        ProductGUI obj=new ProductGUI();
    }
}
```

练习 2：合理优化供应商信息处理界面

为"供应商录入功能"设计一个友好的用户界面,要求界面中的控件靠左对齐,按钮在右下方。

3.4　任务：美化产品信息处理界面

3.4.1　任务描述及分析

1. 任务描述

物流公司认为 3.3 节设计的界面使用起来比较方便,只是整体界面比较单调呆板,不够美观,要求进一步改进:添加公司名称作为标题,并设置适当的颜色(字体为 Serif 字体、颜色为蓝色、字号为 18 号),另外,加上公司的 LOGO 图标。运行效果如图 3-28 所示。

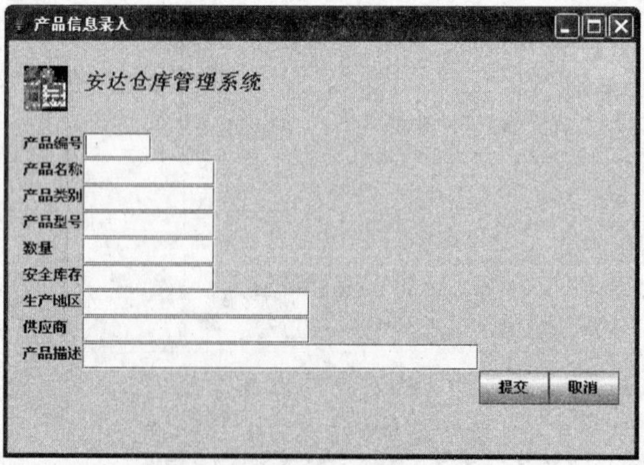

图 3-28　信息录入界面美化效果

2．任务分析

友好的用户界面除了满足使用的需要,还应考虑用户使用的舒适度,可通过设置字体颜色、添加背景图片、播放音乐等方式,得到较好的视听效果,使得用户界面更具魅力。为此,Java 提供了图形、图像和声音等多媒体的支持,尤其是图像的加载和声音的播放非常灵活。问题的解决步骤如下:

- 了解 Java2D 绘图机制。
- 学习设置字体,加载图片的方法。
- 按照产品信息处理界面设计,选择图片,字体进行界面美化。
- 编写代码。

3.4.2　知识学习

1．Java2D 绘图机制

本节所讲的图形(像)绘制是二维形式的,所有相关类均存在于 java.awt.＊包中。

1）绘图界面和坐标

图形的绘制过程是基于画布来进行的,对于 AWT 组件来说,Java 提供了 Canvas 类创建画布;若是 SWING 组件,则可直接在顶层容器,如在 JFrame、JApplet 或 JPanel 上,将其作为画布,进行绘制。

图形界面所采用的坐标系,与图 3-26 所示相同,也是以屏幕左上角为原点、以像素为单位。

2）绘制机制

每个 Java 组件都有一个与之相关的图形环境,即图形上下文,java.awt.Graphics 类是图形上下文的抽象基类,用于管理图形上下文,绘制图形(如线条、矩形等)的像素;允许应用程序将图形绘制到组件上或空闲屏幕的映像中。由于 Graphics 类是抽象类,应用时需要创建其子类,才能实现绘图功能。常用方法见表 3-12。

表 3-12　Graphics 类的常用方法

方　法　名	描　　述
drawString(String test, int x, int y)	在规定位置打印字符串
drawLine(int x1, int y1, int x2, int y2)	画线
drawRect(int x1, int y1, int width, int height)	画长方形
fillRect(int x1, int y1, int width, int height)	画填充的长方形
drawOval(int x1, int y1, int width, int height)	画椭圆形
fillOval(int x1, int y1, int width, int height)	画填充的椭圆形
drawImage (Image img, int x, int y, int width, int height, ImageObserver observer)	画图像

SWING 的顶层容器(JFrame、JApplet、JPanel)均为 Container 的派生类,Container 类提供了一个绘制方法 paint(Graphics g),参数 g 是一个经裁剪的相关显示区的图像代表(不

是整个显示区),对于图形元素的绘制而言,就是在继承于顶层容器的类中,重写该方法,对所传入的参数 g 进行操作来完成的。那么,如何调用 paint()方法呢?下面介绍 Java 中图形绘制显示的过程。

首先,将绘制图形的操作写入应用程序中的 paint()方法,一般来说,需要重画界面时,系统会自动调用该方法,只有应用程序的逻辑需要对界面更新时(如动画),才调用 repaint()方法来通知 AWT 线程进行刷新操作,而 AWT 线程将去自动调用另外一个方法 update()。update()方法在默认情况下会做两件事,一是清除当前区域内容;二是调用 paint()方法完成实际绘制工作。paint()、repaint()、update() 三个方法间关系如图 3-29 所示。

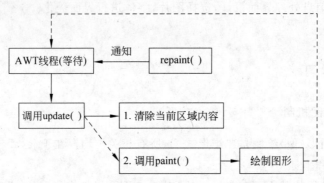

图 3-29 paint()、repaint()、update() 方法间关系示意图

2. 颜色设置

Java 中的颜色是用 RGB 值来设定的,R、G、B 分别是红、绿、蓝三种颜色的色量,三种色量组合构建多种颜色,可使用 java.awt.Color 类为 GUI 组件或绘制内容指定颜色值,也可利用 Java 定义的一些标准颜色。Color 类的构造方法:

- public Color(int r,int g,int b) //在 0～255 整数范围内指定红、绿和蓝三种颜色的比例
- public Color(float r,float g,float b) //在 0.0～1.0 浮点数范围内指定红、绿和蓝三种颜色的比例
- public Color(int rgb) //指定红、绿和蓝的组合 RGB 值

Color 类用于指定组件所需要的颜色值,如果要为组件进行颜色设置,还需要应用 Graphics 类的相关方法(见表 3-13)。

表 3-13 Graphics 类中设置颜色的方法

方 法 名	描 述
setColor(Color c)	设置前景色
setBackground(Color c)	设置背景色
setColor()	获取当前所使用的颜色

例如,将画布的前景设置为绿色,实现语句为

```
g.setColor(Color.green);
```

3. 字体设置

通过前面的学习,了解到在 GUI 基本组件上(如按钮、标签)上可以加入文字,为了让显示效果更加美观,还可以利用 Java 中的 Font 类、Color 类,进行字体、颜色的设置。

Font 类定义字体名、字号、风格,其构造方法为

```
Font(String name,int style,int size)
```

其中,style 表示字体的样式。字体样式有:PLAIN(普通),BOLD(粗体),ITALIC(斜体)。name 表示字体名。字体名有:Monospaced、SansSerif、Serif、Dialog 和 DialogInput。

Font 类中常用方法有:设置字体的 setFont()方法,获取字体大小的 getSize()方法,获取字体样式的 getStyle()方法,判断字体样式的 isBold()方法、isItalic()方法和 isPlain()方法。

例如,设置 JLable 标签上的"姓名"字体为粗体、SansSerif 字体,字号为 18,字体的定义语句:

```
JLabel lblConfirm=new JLabel("姓名");
Font myFont=new Font("SansSerif",Font.BOLD,18);
lblConfirm.setFont(myFont);                        //设置字体
```

4. 图像加载

图像的基本操作有:创建、加载和显示图像。创建和加载是获得图像的两种方法。java.awt.* 包提供了对图像处理的支持,其中 java.awt.Image 是所有图形图像类的基类。Java 支持的图像文件格式:.jpg、.gif、.png 和.jpeg。

在 Java 中显示一个图像过程分为两步:首先创建/加载图像(即将图像文件读入内存),然后画出图像。

先来看创建＋画图像的方式。先引入 java.awt.ToolKit 类,它是一个抽象类,ToolKit 作为 AWT 工具箱,提供了 Java 对 GUI 最底层的访问,例如,从系统获取图像,获取屏幕分辨率,获取屏幕色彩模型,全屏的时候获得屏幕大小等。这里,先用 Toolkit 类的 getDefaultToolkit()方法返回默认工具包,再通过工具包类的方法 createImage()创建图像。至于画图像,则使用 Graphics 的 drawImage(Image img, int x, int y, int width, int height, ImageObserver observer)方法实现。第一个参数是需要画的图像对象,第二、三个参数是图像的坐标,第三、四个参数是图像的宽和高,最后参数是画图像操作需要通知的组件对象。下面举个例子。

【例 3-14】 设计实现一个显示图像的界面。

```
import java.awt.*;
import javax.swing.*;
public class ImageDemo extends JFrame
{
    //声明图像类
    Image myImage;
    public ImageDemo(){
```

```
        //创建一个图像对象
        myImage=Toolkit.getDefaultToolkit().createImage("images/3.png");
        this.setSize(400,400);
        this.setVisible(true);
    }
    //重写 paint()方法
    public void paint(Graphics g){
        //在坐标(10,30)处绘制图像,尺寸为 300×300
        g.drawImage(myImage,10,30,300,300,this);
    }
    public static void main(String[] args){
        ImageDemo demo=new ImageDemo();
    }
}
```

现在来了解一下加载＋画图像的方式是如何实现的。加载图像的方法为 getImage()，Java 中的多个类都具有这个方法，如 JApplet、IconImage、Toolkit 类等，它返回 Image 对象，调用格式为

```
Image getImage(URL url)
Image getImage(URL url,String name)
```

其中，URL 是图像地址，它不局限于本地地址，多数情况下是指 Web 服务器上的地址，name 是图像名。getImage()通常用于读取 Web 服务器上的图像文件。

如果将例 3-14 中创建图像对象语句修改一下：

```
myImage=Toolkit.getDefaultToolkit().getImage("images/3.png");
```

其他不变，也可以实现同样功能。

3.4.3　任务实施

第一步：确定标题、LOGO 图标，以及位置
标题内容："安达仓库管理系统"，字体为 Serif、蓝色、18 号；LOGO 图标文件名为 logo.jpg，存放在当前路径的子目录 images 下。LOGO 图标与标题位于界面的左上方，并位于同一行。
第二步：确定加入 LOGO 图标的方法
采用创建＋画图像的方式，利用 Toolkit 和 Image 类实现加入图标。
第三步：确定加入标题的方法
利用 Font 类的方法实现字体设置，创建 Font 类对象，按照要求设置字体名、样式以及大小。
第四步：对于 3.3 任务中的代码进行修改，编译运行
注意其中黑体字为新增代码，部分与前面实例的相同代码省略。

```
import javax.swing.*;
import java.awt.*;
```

```
import java.lang.*;
public class ProductGUI extends JFrame
{
    …//声明容器、标签、文本框和按钮
    //声明 LOGO、标题标签、空行标签
    JLabel labelLOGO;
    JLabel labelTitle;
    JLabel labelSpace;

    //声明布局类变量
    GridBagLayout gl;
    GridBagConstraints gbc;

    public ProductGUI()
    {
        super("产品信息录入");
        //实例化布局类对象
        gl=new GridBagLayout();
        gbc=new GridBagConstraints();
        content=this.getContentPane();
        //设置布局
        content.setLayout(gl);

        …//实例化标签、文本框和按钮
        //实例化 LOGO 标签、标题
        labelLOGO=new JLabel(new ImageIcon("images/logo.gif"));
        labelTitle=new JLabel("安达仓库管理系统");
        //标题设置字体、颜色
        labelTitle.setFont(new Font("Serif",Font.BOLD+Font.ITALIC,18));
        labelTitle.setForeground(Color.BLUE);
        labelSpace=new JLabel("    ");

        //设置组件的位置
        gbc.anchor=GridBagConstraints.NORTHWEST;
        gbc.gridx=1;
        gbc.gridy=2;
        gl.setConstraints(labelLOGO,gbc);
        content.add(labelLOGO);

        //设置组件的位置
        gbc.anchor=GridBagConstraints.NORTHWEST;
        gbc.gridx=4;
        gbc.gridy=2;
        gl.setConstraints(labelTitle,gbc);
        content.add(labelTitle);

        //设置组件的位置
        gbc.anchor=GridBagConstraints.NORTHWEST;
        gbc.gridx=1;
        gbc.gridy=3;
        gl.setConstraints(labelSpace,gbc);
```

```
        content.add(labelSpace);

        //设置其他组件的位置
        gbc.anchor=GridBagConstraints.NORTHWEST;
        gbc.gridx=1;
        gbc.gridy=5;
        gl.setConstraints(labelProductNo,gbc);
        content.add(labelProductNo);
        ...
    }
    public static void main(String[] args)
    {
        ProductGUI obj=new ProductGUI();
    }
}
```

3.5 拓展：利用 Applet 加载图像和播放声音

3.5.1 Applet 运行机制

Applet 是基于 Web 的 Java 应用程序,被称为 Java 小应用程序,属于 AWT 组件。在 SWING 组件中对应的是 JApplet。Applet 的特点是驻留在服务器端,一旦有请求,就可以自动下载到客户端并被执行。Applet 不同于一般的应用程序,它是在浏览器上运行。只要内嵌有 Java 虚拟机的浏览器如 Internet Explorer 和 Netscape Navigator 都可以运行 Applet,也可以通过下载 JRE 使得 Applet 运行起来。

浏览器只能解释 HTML 代码,所以,在 HTML 代码中必须具有 Applet 小应用程序的链接。当浏览器遇到这个标签时,它将加载和执行 Applet,实现动态的 Web 页面。现在来看一个简单的 Applet 程序。

【例 3-15】 一个显示"大家好"的 Applet。

```
import java.awt.*;
import javax.swing.*;
public class HelloApplet extends JApplet
{
    public void paint(Graphics g)
    {
        g.drawString("大家好!!",20,20);
    }
}
```

接着,将上面程序生成的. class 文件包含在名为 applet. html 的 HTML 中:

```
<applet code="HelloApplet.class" width=200 height=60>
</applet>
```

在 DOS 提示符下,执行命令 appletViewer applet. html。appletViewer 工具是 JDK 中

提供的一个运行 Applet 的实用程序。执行结果如图 3-30 所示。

　　需要注意的是，Applet 应用程序没有 main()方法，
Applet 被加载在 Web 页面上时，浏览器会自动运行
Applet 的指定方法。执行顺序为：init()、start()、paint()。
当一个 Applet 终止时，则按照以下顺序执行：stop()、
destroy()。应用程序从执行 init()启动到执行 destroy()
方法终止的过程，被称为 Applet 的生命周期。

图 3-30　例 3-15 运行结果

　　• init()方法

　　init()方法是被调用的第一个方法。在 init()方法中，可以进行变量初始化、用户界面
布局等程序初始化的操作。

　　• start()方法

　　start()方法在 init()方法之后被调用，而在重启一个已经停止的 Applet 时，它也被调
用，例如，当用户返回前一个包含 Applet 窗体的 Web 页面时。因此，在一个 Applet 的生存
周期内，start()方法有可能被调用多次。如果希望用户每次进入该 Web 页面的时候就启动
某些进程，则可在此方法中进行定义，如启动动画效果等。

　　• paint()方法

　　每当 Applet 窗体重新被加载的时候，将调用 paint()方法。paint()方法主要是用于绘
制窗体内容。

　　• stop()方法

　　当用户离开包含 Applet 窗体的页面时，stop()方法将被调用。可利用 stop()方法挂起
Applet 创建的任何子线程，也可以用它来执行任何其他需要将 Applet 放到一个安全、空闲
状态的动作。注意：调用 stop()并不表示 Applet 被终止，因为如果用户返回该页时，它还
可以通过调用 start()重新启动。

　　• destroy()方法

　　destroy()方法是在用户关闭当前 Applet 窗体时被调用。使用此方法可以执行如关闭
文件和网络连接之类的清理工作。

　　例 3-15 中的 Applet 除了 Java 类外，还包括一个 HTML 文档，内容为 Applet 标记，标
记属性为

```
<APPLET
    CODE="class 文件的名"
    CODEBASE="class 文件的路径"
    HEIGHT="Applet 的最大高度,以像素为单位"
    WIDTH="Applet 的最大宽度,以像素为单位"
    VSPACE="applet 与 HTML 的其余部分之间的垂直空间,以像素为单位"
    HSPACE="applet 与 HTML 的其余部分之间的水平空间,以像素为单位"
    ALIGN="applet 与 Web 页面的其余部分对齐"
    ALT="如果浏览器不支持 applet,显示可选的文本"
>
<PARAM NAME="parameter_Name" VALUE="parameter_Value">
<PARAM NAME="parameter_Name" VALUE="parameter_Value">
</APPLET>
```

其中<PARAM>标记必须写在<APPLET>标记内部,利用此标记可以向 Applet 中传递值。

3.5.2　在 Applet 中实现图像加载

SWING 组件中提供了 java. swing. JApplet 类,该类的 getImage()方法可用于加载图像文件,本章 3.4.2 小节已讲过,getImage()方法中图像的存储地址可以是本地或网络,应用于 Applet 中时,所采用的是网络地址。Java 采用 URL(Universal Resource Location,统一资源定位器)来定位图像文件的网络位置,并提供了 java. net. URL 类来管理 URL 信息。一个 URL 信息的表示形式可分为两种:

(1) 绝对 URL 形式,它指明了网络资源的全路径名。如:

http：//www. abc. com/java/images/pic. gif

(2) 相对 URL 形式,即基准 URL＋相对 URL。上例可表示为

基准 URL：http：//www. xyz. com/java/

相对 URL：images/m1. gif

Applet 类中提供了两个方法,可用于获取基准 URL 对象,调用格式如下:

```
URL  getDocumentBase()
URL  getCodeBase()
```

由于它们的返回值均为基准 URL 对象,因此,通常采用相对 URL 形式来表示 URL 信息。这样做还有一个好处,就是图像文件位置的变更不会影响程序的正常运行。下面来看一个例子,其中捕捉异常的内容将在第 5 章中介绍。

【例 3-16】　实现显示一幅图像的界面。

```
import java.awt.*;
import javax.swing.*;
import java.net.*;
public class ShowPicApplet extends JApplet{
    URL url=null;
    Image image;
    String filename;

    public void init(){
        filename="images\\Bird.gif";
        //捕捉异常语句对 try,catch
        try{
            //获取相对 URL
            url=this.getDocumentBase();
            //利用 getImage 方法获取 Image 类对象
            image=this.getImage(url,filename);
        }catch(Exception e){
            e.printStackTrace();
        }
    }
    //重写 paint()方法,在 Applet 中画图像
```

```
public void paint(Graphics g){
    g.drawImage(image,30,30,this);
    }
}
```

需要说明的是,还要写一个 HTML 文档,将上述程序所生成的类写进去,运行该文件即可显示图像。

3.5.3 在 Applet 中实现音乐播放

娱乐软件(如游戏)的用户都喜欢有声有色的程序界面,使用 3.4 节知识可以使得界面有色,那么如何有声呢? 从 JDK 1.3.0 开始,Java 中提供了 JavaSound API 可以较好地处理音频信息。JavaSound API 包含在 javax.sound.sampled 和 javax.sound.midi 包中。

先来了解一下 JavaSound 混频原理,有利于理解 Java 实现音乐播放的机制。图 3-31 是 JavaSound 混频器的示意图,在处理输入音频的过程中,对于来自各种音频输入端口的信号,例如麦克风、CD 播放器、磁带播放器等,可以在它们到达 TargetDataLine 之前,利用混频器控制输入混频,而后在程序中通过 TargetDataLine 获得数字化的音频输入流。

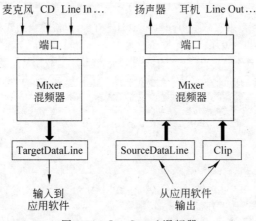

图 3-31 JavaSound 混频器

现在,列出实现音乐播放的步骤:
* 创建声音流文件。
* 创建可写入音频信号设备类。
* 将声音文件写音频信号设备类对象,输出到音频输出端(如耳机)。

【例 3-17】 在 Applet 中播放音乐。

```
import java.io.File;
import java.io.IOException;
import javax.sound.sampled.AudioSystem;
import javax.sound.sampled.LineUnavailableException;
import javax.sound.sampled.UnsupportedAudioFileException;
import javax.sound.sampled.AudioInputStream;
import javax.sound.sampled.AudioFormat;
```

```
import javax.sound.sampled.SourceDataLine;
import javax.sound.sampled.DataLine;
public class PlayMusic extends JApplet {
    public void init(){
        play();
    }
    //播放音频文件
    public void Play(){
        String fileurl="file/ding.wav";
        try{
            //创建声音流对象
            AudioInputStream ais=AudioSystem.getAudioInputStream(new File
            (fileurl));
            AudioFormat aif=ais.getFormat();
            //声明一个可写入音频信号数字流设备类
            SourceDataLine sdl=null;
            //创建一个 DataLine.Info 结构
            DataLine.Info info=new DataLine.Info(SourceDataLine.class,aif);
            //将 DataLine.Info 结构传给 AudioSystem 类工厂,返回 SourceDataLine 对象
            sdl=(SourceDataLine)AudioSystem.getLine(info);
            sdl.open(aif);
            sdl.start();
            //将音频数据写入 SourceDataLine 对象,以便输出到音频输出口
            int nByte=0;
            byte[] buffer=new byte[128];
            while(nByte !=-1){
                nByte=ais.read(buffer,0,128);
                if(nByte>=0){
                    int oByte=sdl.write(buffer, 0, nByte);
                }
            }
            sdl.stop();
        }catch(UnsupportedAudioFileException e){
            e.printStackTrace();
        } catch (IOException e) {
            e.printStackTrace();
        } catch (LineUnavailableException e) {
            e.printStackTrace();
        }
    }
}
```

小　　结

（1）GUI 是由各种图形元素所构成的，这些图形元素被称为 GUI 组件。根据组件的作用又将其分为两种：基本组件（组件）和容器。

（2）Java 中用于 GUI 设计的组件和容器有两种：AWT 组件和 SWING 组件，分别存于 java.awt.＊ 和 javax.swing.＊ 包中。由于 AWT 的构图 AWT 必须依赖于本地方法，通常

称 AWT 组件为重量级组件。而称 SWING 组件为轻量级组件。

（3）javax.swing 包提供了用户接口组件（如：窗口、对话框、按钮、复选框、列表框、菜单、滚动条、文本输入框）类的集合。

（4）布局管理器是一个特殊的对象，它确定了容器的组件是如何组织的。

（5）Java 中常用的布局管理器有以下几种：FlowLayout、GridLayout、BorderLayout、CardLayout 和 GridBagLayout。

（6）FlowLayout 管理器是 Applet 的默认布局管理器。流布局管理器以加入容器的次序，按行一个接一个地放置控件。

（7）BorderLayout 边界布局管理器可以按东、西、南、北、中的方位来布置组件。

（8）GridLayout 格子布局管理器把显示区域编组为矩形格子组，然后将控件依次放入每个格子中，从左到右、自上向下地放置。

（9）CardLayout 管理器，可以使得容器像卡片盒，容器中的页面像卡片盒中的卡片一样任意翻动显示。

（10）GridBagLayout 布局管理器为 AWT 提供的最灵活、最复杂的布局管理器。类似于格子布局，GridBagLayout 布局管理把组件组织为长方形的网格，并且可以灵活地将组件放在长方形网格中的任何的行和列。

（11）java.awt.Graphics 类是图形上下文的抽象基类，用于管理图形上下文，绘制图形（如线条、矩形等）的像素；允许应用程序将图形绘制到组件上或空闲屏幕的映像中。因 Graphics 类是抽象类，应用时需要创建其子类，才能实现绘图功能。

（12）Applet 是基于 Web 的 Java 应用程序，被称为 Java 小应用程序。它驻留在服务器端，一旦有请求，就可以自动被下载到客户端进行执行。Applet 不同于一般的应用程序，它是在内嵌有 Java 虚拟机的浏览器上运行，也可以通过下载 JRE 使得 Applet 运行起来。

本 章 练 习

1. 简述 AWT 组件和 SWING 组件之间的区别。
2. JFrame.getContentPane()的主要作用是什么？不要可以吗？
3. 调试以下代码：

```java
import javax.swing.*;
public class Sample
{
    static JFrame frame;
    JPanel panel;
    JButton button;
    public Sample()
    {
        panel=new JPanel();
        button=new JButton("submit");
        panel.add(button);
        button.setLabel("cancel");
        panel.add(button);
```

```
    }
    public static void main(String[] args)
    {
        frame=new JFrame("Sample Programe");
        frame.getContentPane().add(panel);
        frame.setSize(300,300);
    }
}
```

4. 试编写一用户界面,包括客户姓名、客户性别(单选按钮)、客户年龄、客户兴趣爱好(复选框用于多选)、客户受教育程度(组合框)。

5. 请解释 GridBagConstraints 类。

6. 使用 FlowLayout 管理器,下面哪个是向容器添加元素的正确方法?(   )

    A. add("Center",component)

    B. add(component)

    C. add(x,y,component)

    D. set(component)

7. 下列哪个方法可以改变容器布局?(   )

    A. setLayout(myLayout)

    B. addLayout(myLayout)

    C. layout(myLayout)

    D. setLayoutManager(myLayout)

8. 需要创建一个用户界面,按图 3-32 所示的效果摆放组件(提示:底层使用 BorderLayout 在北、中、南三个方位摆放三个 panel,然后在 panel 中摆放不同组件)。

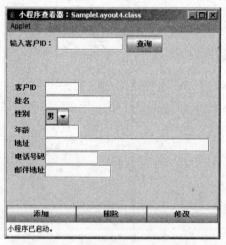

图 3-32　用户界面显示效果

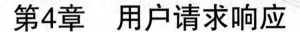

第4章　用户请求响应

知识要点：

- 了解事件处理的原理
- 掌握事件的注册、监听和处理
- 了解 AWT 事件继承层次
- 理解高级事件和低级事件的概念
- 掌握窗口事件、鼠标事件、键盘事件的应用

引子：　Java 中如何响应用户的请求

清晨，当你还在睡梦中时，闹钟响了，这就是事件。

当你开车经过十字路口时，遇上了红灯，即产生了一个事件，你会将车停下，一直等到交通灯变为绿色，也就是对事件的处理。当你坐在计算机前处理文件时，电话响了（事件），你需要停下手中的工作，接听电话（对事件的处理）。

日常生活中，每当事件发生时，你必须要立即响应。在程序的执行过程中，也会有类似情况发生。例如第 3 章中，已讲述了产品信息录入界面的设计，当产品资料输入相应的文本框，单击"确定"按钮时（事件），系统应对所录入的资料进行处理（对事件的响应）。

在 Java 中是通过事件来响应用户请求，事件就是用户与程序间的所有交互活动。每当用户通过键盘或鼠标与 GUI 程序交互时，即产生一个事件，系统将通知运行中的 GUI 程序，调用相应的处理代码段，以响应事件的发生，即事件处理。

4.1　任务：验证所录产品信息的合法性

4.1.1　任务描述及分析

1. 任务描述

仓储管理系统的产品管理模块，录入产品信息的 JFrame 界面已设计好了，对于输入的数据是否符合实际应用要求，还需要进行检查。输入的产品信息必须符合以下的条件：

- 产品编号不能为空。
- 其他文本框不能为空。

- 产品类别使用组合框,类别范围为计算机、硬盘、USB、MP3、数码相机。
- 产品安全库存不能小于零。
- 产品数量不能小于零,或是小于安全库存。
- 产品价格不能小于零。
- 当用户输入信息不合法时必须提示错误信息。

运行效果如图 4-1 所示。

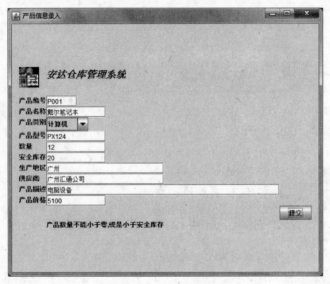

图 4-1   产品信息录入

2. 任务分析

事务处理系统中,一般都需要对输入的数据进行合法性验证。根据系统对数据的要求,可以通过程序代码进行相应的限制处理。

输入数据的过程:数据字段输入文本框或是从组合框中选择一项,而后通过单击"确定"按钮,检验和接收数据。其中按钮是事件源,单击按钮是事件,而对数据的检验是由事件处理程序来完成。因此,实现对数据的合法性检验,解决问题的步骤如下:

- 确定输入数据的类型,相关的合法性要求,以及错误信息。
- 理解按钮事件、组合框选项事件的处理机制。
- 编写代码。

4.1.2   知识学习

1. 事件模型

事件模型由三个元素组成:

(1)事件对象——当用户按下键或鼠标按钮对 GUI 程序操作时,将产生一个事件。系统将捕获该事件以及相关数据(如事件的类型),传递给运行中的程序。当然,这个程序一定是事件所属的应用程序。关于事件的信息是被封装在一个事件对象中的。事件对象所包含的信息有：事件的类型(如移动鼠标)、产生事件的组件(如按钮)以及事件发生的时间。

所有的事件对象都是从 java.util.EventObject 类派生而来,如 ActionEvent 事件对象就是一个子类。

(2) 事件源——产生事件的对象。不同的事件源会产生不同的事件。例如,单击按钮,将产生 ActionEvent 对象;关闭窗体,将产生 WindowEvent 对象。这里的按钮和窗体就是事件源。

(3) 事件处理程序——事件产生后,对事件的处理方法。系统将事件对象作为参数传递给事件处理程序。

在 Java 中,所有的事件都是从 java.util 包中的 EventObject 扩展而来的事件类。EventObject 类有一个子类 AWTEvent,它是所有 AWT 事件类的父类。java.awt.event 包是 java.awt.AWTEvent 下属的一个包,它包含了大部分事件类。

- java.awt.event 包中有四个语义事件类。
- ActionEvent：对应按钮单击、菜单选项、选择一个列表项或在文本域中按 Enter 键。
- AdjustmentEvent：用户调整滚动条。
- ItemEvent：用户在组合框或列表框中选择一项。
- TextEvent：文本域或文本框中的内容发生变化。

另外,还有六个低级事件类。

- ComponentEvent：组件被缩放、移动、显示或隐藏,它是所有低级事件的基类。
- ContainerEvent：在容器中添加/删除一个组件。
- FocusEvent：组件得到焦点或失去焦点。
- WindowEvent：窗体被激活、图标化、还原或关闭。
- KeyEvent：按下或释放一个键。
- MouseEvent：按下、释放鼠标按钮,移动或拖动鼠标。

下面列出一些事件对象产生的例子：

当在键盘上按下一个键时,将产生 KeyEvent 事件对象。

当移动鼠标时,将产生 MouseEvent 事件对象。

当构件被激活时,产生 ActionEvent 事件对象。

当最大化窗口时,将会产生 WindowEvent 事件对象。

当光标停于文本框中时,产生 FocusEvent 事件对象。

当从列表、复选框选定项目时,产生 ItemEvent 对象。

2. 事件处理机制

在 Java 中,GUI 程序等待用户执行一些操作动作,用户通过键盘或鼠标控制 GUI 程序的执行顺序,这种对 GUI 程序的控制是通过系统调用某个方法来实现的,称之为事件驱动编程。图 4-2 说明了单击按钮事件的处理过程。

下面介绍一下 Java 的事件处理机制：

(1) 在程序中,一个会产生事件的对象(事件源)必须设定其事件处理的监听器对象(即注册监听器对象)。

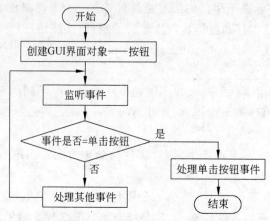

图 4-2 单击按钮事件的处理过程

（2）监听器对象是一个实现了专门的监听器接口类的实例。

（3）当事件产生时，事件源将事件对象发送给事件源所注册的监听器（一个或多个）。

（4）监听器对象使用事件对象的信息来确定做出的反应。

图 4-3 是单击按钮事件处理的示意图，其中按钮是事件源。为了处理单击事件，需要为按钮注册监听器对象，而单击动作会被按钮事件源传送给按钮的监听器对象，由监听器对象的事件处理方法对单击事件进行相应的处理。

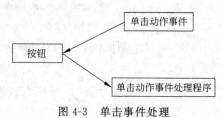

图 4-3 单击事件处理

每个事件都有一个相应的监听器接口。接口用于规定标准行为，可由任何类在任何地方实现。例如，电视机和音响设备不同，但都有一个音量调节功能，就可以用一个名为 VolumenessControl 的接口，实现对这两种设备都适用功能。代码如下：

```java
//音量控制接口
public interface VolumenessControl
{
    void increaseVolumeness()                    //音量调大
    void decreaseVolumeness()                    //音量调小
}
//实现电视机音量调节
public class TV implements VolumenessControl
{
    void increaseVolumeness()                    //音量调大
    {
        ...                                      //实现代码
    }
    void decreaseVolumeness()                    //音量调小
    {
        ...                                      //实现代码
    }
}
```

```
//实现音响音量调节
public class AUDIO implements VolumenessControl
{
    void increaseVolumeness()                         //音量调大
    {
        ...                                           //实现代码
    }
    void decreaseVolumeness()                         //音量调小
    {
        ...                                           //实现代码
    }
}
```

表 4-1 给出了接口名及相应方法。

表 4-1　接口名及方法

事件类型	接口	方法及参数
动作	ActionListencr	actionPerformed(ActionEvent)
选项	ItemListencr	itemStateChanged(ItemEvent)
调整滚动条	AdjustmentListener	adjustmentValueChanged(adjustmentEvent)
组件	ComponentListener	componentHidden(ComponentEvent)
		componentMoved(ComponentEvent)
		componentResized(ComponentEvent)
		componentShown(ComponentEvent)
鼠标按钮	MouseListener	mouseClicked(MouseEvent)
		mouseEntered(MouseEvent)
		mouseExited(MouseEvent)
		mouseReleased(MouseEyent)
		mousePressed(MouseEVent)
鼠标移动	MouseMotionListener	mouseDragged(MouseEveilt)
		mouseMoved(MouseEvent)
窗体	WindowListener	windowActivated(WindowEvent)
		windowDeactivated(WindowEvent)
		windowOpened(WindowEvent)
		windowClosed(WindowEvent)
		windowClosing(WindowEvent)
		windowIconified(WindowEvent)
		windowDeIconified(WindowEvent)
键	KeyListener	void keyPressed(KeyEvent)
		void keyReleased(KeyEvent)
		void keyTyped(KeyEvent)

> 💬 **说明** 创建监听类而使用接口时,监听类中必须声明该接口中所有的方法,不管是否需要用到这些方法。例如,处理鼠标按钮按下/释放事件,在监听类中除了要重写mouseReleased()和mousePressed()方法外,还需要将MouseListener接口中的其他方法重新声明一次。

4.1.3 任务实施

第一步:确定界面组合框(产品信息)和标签(显示错误信息)的变量名及位置

组合框的变量名:comboProductClass

组合框位置:

```
gbc.gridx=4;
gbc.gridy=11;
```

标签的变量名:labelMessage

标签位置:

```
gbc.gridx=4;
gbc.gridy=42;
```

第二步:确定输入数据的类型,相关的合法性要求,以及错误信息

根据录入产品数据的要求,每个字段不能为空,错误信息不能为空。产品数量、产品安全库存为整型且不能小于零,并且产品数量不能小于安全库存,产品价格为浮点型且不能小于零,其他均为字符类型。

第三步:理解按钮事件、组合框选项事件的处理机制

数据输入完,单击"确定"按钮,检查数据的合法性。

单击按钮属于语义类事件,通过下面的例子,说明单击按钮事件的处理机制。

【例4-1】 单击按钮事件。

```java
import java.awt.event.*;
import javax.swing.*;
public class ListenerTest extends JFrame
{
    JButton button;
    JPanel panel;
    public  ListenerTest ()
    {
        panel=new JPanel();
        button=new JButton("test");
        getContentPane().add(panel);
        panel.add(button);
        setSize(100,100);
        setVisible(true);

        //创建监听器对象
        MyListener  listen  =  new  MyListener();
```

```
        //注册监听器对象
        button.addActionListener(listen);
    }
class MyListener implements ActionListener
    {
        public  void  actionPerformed(ActionEvent event)
        {
            //处理事件
            System.out.println("This is a listener.");
        }
    }
    public static void main(String args[])
    {
        ListenerTest test=new ListenerTest();
    }
}
```

运行结果：当单击按钮时,屏幕上将显示"This is a listener."。

当用户单击按钮时,上面的程序将完成以下几项内容：

(1) 产生 ActionEvent 事件。

(2) 用监听器对象的 actionPerformed()方法来处理 ActionEvent。

(3) 在 actionPerformed()方法,显示出一行信息。

除了单击按钮事件外,ItemEvent(用户在组合框或列表框中选择一项)也是常用的语义类事件。下面再举一个例子,说明组合框选项事件处理的过程。这个程序实现了选择其中一个颜色选项,则按钮显示不同颜色的功能,代码如下。

【例 4-2】　组合框选项事件。

```
//ItemEventTest.java
import java.awt.*;
import java.awt.event.*;
import javax.swing.*;
/*
* 按钮、组合框事件示例
*/
public class ItemEventTest extends JFrame {
    //声明按钮、组合框、面板变量
    JButton button;
    JComboBox choice;
    JPanel panel;

    public ItemEventTest() {
        super("test itemEvent window ");
        //实例化按钮
        button=new JButton("click here");
        button.setBackground(Color.yellow);
        //实例化组合框
        choice=new JComboBox();
        //添加组合框选项值
        choice.addItem("red");
```

```java
        choice.addItem("green");
        choice.addItem("white");
        //实例化面板
        panel=new JPanel();
        //将面板加入窗体
        getContentPane().add(panel);
        //将组合框、按钮加入面板
        panel.add(choice);
        panel.add(button);
        //创建监听器类对象
        ButtonListener Blisten=new ButtonListener();
        ChoiceListener Clisten=new ChoiceListener();
        //绑定监听器和组件
        button.addActionListener(Blisten);
        choice.addItemListener(Clisten);
    }
    //创建按钮监听器类
    class ButtonListener implements ActionListener {
        //按钮事件处理方法
        public void actionPerformed(ActionEvent event) {
            //获取事件源,并将事件源对象强制转换为 Button
            JButton source=(JButton) event.getSource();
            source.setText("button clicked");
        }
    }
    //创建组合框监听器类
    class ChoiceListener implements ItemListener {
        //组合框选项事件处理方法
        public void itemStateChanged(ItemEvent event) {
            //如果选项为 red,则置按钮背景为红色
            if (choice.getSelectedItem()=="red") {
                button.setBackground(Color.red);
            } else if (choice.getSelectedItem()=="green") {
                button.setBackground(Color.green);
            } else if (choice.getSelectedItem()=="white") {
            button.setBackground(Color.white);
            }
        }
    }
    public static void main(String args[]) {
        //创建示例 ItemEventTest 类对象
        ItemEventTest butitem=new ItemEventTest();
        //设置 ItemEventTest(窗体)的尺寸、可见性
        butitem.setSize(300, 300);
        butitem.setVisible(true);
    }
}
```

运行结果如图 4-4 所示。

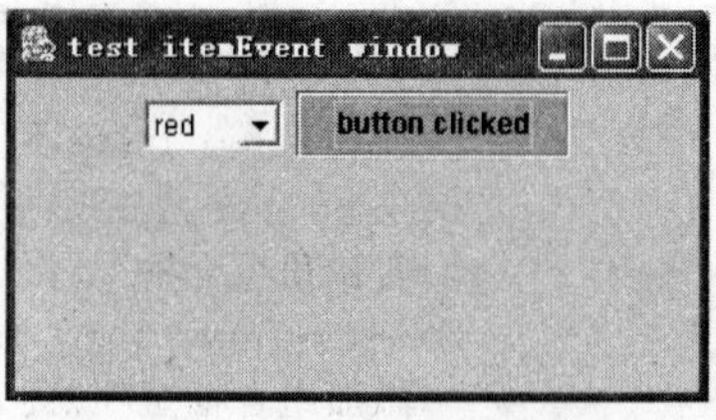

上述程序说明：

图 4-4　例 4-2 运行结果

（1）程序中处理了两个事件：按钮事件和组合框事件。

（2）用 addActionListener 和 addItemListener 分别为按钮和组合框绑定监听器对象。

（3）当用户单击按钮时，产生 ActionEvent 事件，该事件将由按钮监听器对象中的 actionPerformed（）方法进行处理，该方法调用事件类的 getSource（）方法获取事件源（按钮）。

（4）当用户选取组合框菜单选项时，产生 ItemEvent 事件，该事件由组合框监听器对象中的 itemStateChanged（）方法处理，调用组合框类的 getSelectedItem（）方法获得所选项。

从上面的两个例子，读者可以对事件处理的机制有一个较清楚的了解，凡是程序中含有事件处理，必须要引用 java.awt.event.* 包，而且未曾注册的组件不可处理事件。

第四步：编写代码

理解了语义类事件的处理机制，编写产品信息录入的数据合法性检查代码就比较容易，修改第 3 章 3.4 节实现代码（因程序较长，有些重复的部分省略，黑字体部分为修改代码）：

```
import javax.swing.*;
import java.awt.*;
import java.awt.event.*;
/*
* 产品信息录入处理 (加入语义事件)
*/
public class ProductHandle extends JFrame
{
    ...//声明容器、标签、文本框、组合框和按钮
    ...//声明 LOGO、标题、标签、空行标签

    //声明显示错误信息的标签
    JLabel labelMessage;

    //声明产品类别组合框
    JComboBox comboProductClass;

    //声明保存产品类别变量
    String cstr="计算机";
    //声明保存产品信息变量
    String pstr=null;

    //声明布局类变量
    GridBagLayout gl;
    GridBagConstraints gbc;

    public ProductHandle()
    {
        super("产品信息录入");
        //实例化布局类对象
        gl=new GridBagLayout();
        gbc=new GridBagConstraints();
        content=this.getContentPane();
        //设置布局
```

```
content.setLayout(gl);

...//实例化标签、文本框和按钮
//实例化产品类别组合框
comboProductClass=new JComboBox();
comboProductClass.addItem("计算机");
comboProductClass.addItem("MP3");
comboProductClass.addItem("硬盘");
comboProductClass.addItem("USB");
comboProductClass.addItem("数码相机");

//实例化 LOGO 标签、标题
labelLOGO=new JLabel(new ImageIcon("images/4.gif"));
labelTitle=new JLabel("安达仓库管理系统");
//标题设置字体、颜色
labelTitle.setFont(new Font("Serif",Font.BOLD+Font.ITALIC,18));
labelTitle.setForeground(Color.BLUE);
labelSpace=new JLabel("    ");

//实例化显示错误信息的标签
labelMessage=new JLabel();

//设置组件的位置
...
gbc.gridx=4;
gbc.gridy=11;
gl.setConstraints(comboProductClass,gbc);
content.add(comboProductClass);
//创建组合框监听对象
ComboListener cmblistener=new ComboListener();
//绑定监听器
comboProductClass.addItemListener(cmblistener);
...
gbc.gridx=8;
gbc.gridy=38;
gl.setConstraints(buttonSubmit,gbc);
content.add(buttonSubmit);
//创建监听类
SubmitListener btnlistener=new SubmitListener();
//在按钮上绑定监听类对象
buttonSubmit.addActionListener(btnlistener);

gbc.gridx=4;
gbc.gridy=42;
gl.setConstraints(labelMessage,gbc);
content.add(labelMessage);

this.setSize(600,500);
this.setVisible(true);
}
```

```java
//按钮监听类
class SubmitListener implements ActionListener{
    //事件处理方法
    public void actionPerformed(ActionEvent evt){
        //获取事件源对象
        Object obj=evt.getSource();
        JButton source=(JButton)obj;
        //判断事件源是否是按钮
        if(source.equals(buttonSubmit)){
            //判断文本框是否为空
            if(textProductNo.getText().length()==0){
                labelMessage.setText("产品编号不能为空");
                return;
            }
            if(textProductName.getText().length()==0){
                labelMessage.setText("产品名称不能为空");
                return;
            }
            if(textProductType.getText().length()==0){
                labelMessage.setText("产品类型不能为空");
                return;
            }
            if(textProductArea.getText().length()==0){
                labelMessage.setText("产品产地不能为空");
                return;
            }
            if(textProductPrice.getText().length()==0){
                labelMessage.setText("产品价格不能为空");
                return;
            }
            if(textSupplierCompany.getText().length()==0){
                labelMessage.setText("产品供应商不能为空");
                return;
            }
            if(textProductDescript.getText().length()==0){
                labelMessage.setText("产品描述不能为空");
                return;
            }

            if(textMinNumber.getText().length()==0){
                labelMessage.setText("产品安全库存量不能为空");
                return;
            }

            if(textProductNumber.getText().length()==0){
                labelMessage.setText("产品数量不能为空");
                return;
            }
            //将数量、安全库存转换为整型
            Integer minNum=Integer.valueOf(textMinNumber.getText());
            Integer number=Integer.valueOf(textProductNumber.getText());
```

```
                    if(minNum<0){
                        labelMessage.setText("产品安全库存时不能小于零");
                        return;
                    }

                    if(number<0||number<minNum){
                        labelMessage.setText("产品数量不能小于零,或小于安全库存");
                        return;
                    }
                    //将价格转换为双精度类型
                    Double price=Double.parseDouble(textProductPrice.getText());
                    if(price<0.0){
                        labelMessage.setText("产品价格不能小于零");
                        return;
                    }

                    pstr=textProductNo.getText()+"   "+textProductName.getText()+
                    "   "+ cstr + textProductType. getText ( ) +"   "+ textProductNumber.
                    getText ( ) +"    " + textProductNumber. getText ( ) +"    " +
                    textProductArea.getText()+"   "+textProductPrice.getText()+"   "+
                    textSupplierCompany.getText()+"   "+textProductDescript.getText()
                    +"   "+textProductDescript.getText();
                    //显示所输入产品信息
                    labelMessage.setText(pstr);

                }
            }
        }


    //下拉框选项监听类
    class ComboListener implements ItemListener{
        public void itemStateChanged(ItemEvent evt){
            //获取选项值
            if(comboProductClass.getSelectedItem().equals("计算机"))
                cstr="计算机";
            else if(comboProductClass.getSelectedItem().equals("硬盘"))
                cstr="硬盘";
            else if(comboProductClass.getSelectedItem().equals("USB"))
                cstr="USB";
            else if(comboProductClass.getSelectedItem().equals("MP3"))
                cstr="MP3";
            else if(comboProductClass.getSelectedItem().equals("数码相机"))
                cstr="数码相机";
        }

    }
    public static void main(String[] args)
    {
        ProductHandle obj=new ProductHandle();
```

```
      }
   }
```

第五步：检验程序执行

检验不输入任何内容或仅输入部分内容，程序可否正常运行。

练习1：验证所录客户信息的合法性

客户信息录入功能已设计好界面组件，对于录入的数据需要进行合法性检查。具体要求：

- 客户的代码和姓名文本框不能为空。
- 客户的性别必须在组合框选择其一。
- 客户的年龄不可小于 0 或大于 100。

4.2 拓展：其他控件事件处理

4.2.1 文本框内容变化

4.1 节实现了命令按钮的动作事件（ActionEvent）和组合框的选项事件（ItemEvent）。动作事件监听器（ActionListener）是比较常用的事件监听器，很多组件的动作都会使用它监听。在文本框中按下 Enter 键也会触发动作事件，当文本框中内容发生改变时会触发 TextEvent 事件。下面通过一个实例来介绍文本框的事件处理。

【例 4-3】 文本框事件处理。

```java
import javax.swing .*;
import java.awt.*;
import java.awt.event.*;
/*
 *文本框事件示例
 */
public class TextFieldEvent extends JFrame{
    //声明面板、文本框、多行文本框、滚动面板
    JPanel panel;
    TextField txtField;
    JTextArea txtArea;
    JScrollPane scrPane;
    public static String lines="\n";

    //构造方法
    public TextFieldEvent(){
        super("text field demo");
        //实例化面板,设置布局为GridBag
        panel=new JPanel(new GridBagLayout());
        //将面板加入窗体
        this.getContentPane().add(panel);
        //实例化文本框、多行文本框、滚动面板(水平、垂直滚动条)
        txtField=new TextField(20);
        txtArea=new JTextArea(5,20);
        scrPane=new JScrollPane(txtArea,JScrollPane.VERTICAL_SCROLLBAR_AS_
        NEEDED,JScrollPane.HORIZONTAL_SCROLLBAR_ALWAYS);
```

```java
    //创建文本框 ActionListener 事件
    TextFieldListener txtFieldListener=new TextFieldListener();
    txtField.addActionListener(txtFieldListener);
    //创建文本框 TextListener 事件,即内容改变事件监听器对象
    TextFieldListener_1 txtFieldListener_1=new TextFieldListener_1();
    txtField.addTextListener(txtFieldListener_1);

    //设置布局位置对象
    GridBagConstraints gbc=new GridBagConstraints();

    //设置组件位置
    gbc.fill=GridBagConstraints.HORIZONTAL;
    gbc.gridwidth=GridBagConstraints.REMAINDER;
    panel.add(txtField,gbc);

    gbc.fill=GridBagConstraints.BOTH;
    panel.add(scrPane,gbc);

    //窗体大小适应组件
    this.pack();
    this.setVisible(true);

    }

//事件监听器,当输入内容并按 Enter 键时处理的事件
class TextFieldListener implements ActionListener{
    //单击 Enter 键事件处理方法
    public void actionPerformed(ActionEvent evt){
        //获取文本框中内容
        String txtStr=txtField.getText();
        //将文本框中的字符串追加到多行文本框中
        txtArea.append(txtStr+lines);

        //全选文本框输入的内容,以便下次输入新的内容
        txtField.selectAll();

    }
}

//事件监听类,当输入内容长度大于 8 时的处理方法
class TextFieldListener_1 implements TextListener{
    //文本框内容改变事件处理方法
    public void textValueChanged(TextEvent evt){

        if(txtField.getText().length()>8){
            String str=txtField.getText();
            str=str.substring(0,8);
            txtField.setText(str);

        }
    }
```

```
    }
    public static void main(String[] args)
    {
        TextFieldEvent txtEvent=new TextFieldEvent();
    }
}
```

例4-3运行结果如图4-5所示。

图4-5　例4-3运行结果

> 说明　程序中使用了一个文本框和一个多行文本框,当用户在文本框中输入内容并按下Enter键时,产生文本框的动作事件(ActionEvent),该事件由动作事件监听器对象中的actionPerformed()方法进行处理,获取文本框中内容并将文本框中的字符串追加到多行文本框中。当用户在文本框中输入内容时,也产生了文本改变事件(TextEvent),该事件由文本内容改变事件监听器对象中的textValueChanged()方法进行处理,限制文本框中输入字符长度不超过8位。

4.2.2　表格模型变更

在前面已介绍了多种不同组件上的事件处理。JTable的事件主要是针对表格内容的操作处理,包括选择不同的行、列,单元格内容改变,列数增加或减少,行数增加或减少,或是表格的结构改变等。

先来看看下面的例子吧,在这个范例中,针对用户对表格选择加以处理,当用户单击不同的单元格时,显示所选中的行、列和单元格值。

当用户选择不同的单元格时会产生ListSelectionEvent事件。要处理ListSelectionEvent事件必须实现ListSelectionListener和TableColumnModelListener接口,当选择的行值发生改变时由ListSelectionListener监听接口中的valueChanged()方法处理,当选中的单元格列模式发生改变时由TableColumnModelListener监听接口中的columnSelectionChanged()方法处理。

【例4-4】　表格事件处理。

```
import javax.swing.*;
import java.awt.*;
import javax.swing.event.*;
/*
 * JTable创建数据记录表格示例
 */
public class JTableEventDemo {

    JLabel lblMessage;
    JTable table;
    int row=0, col=0;

    public JTableEventDemo() {
        //创建框架容器类对象
        JFrame frame=new JFrame();
        //表格列名数组
        String[] columnname=new String[]{"name", "age", "address", "phone"};
```

```
//表格记录数组
 String [] [] record= new String [] [] {{"andy", "23", "beijing road ", "
2123322"},{"lili", "21", "linyin street", "6535435"}, {"smith", "20",
"linyin street", "6535435"}};

//创建表格类对象,列名为 columnname,记录元素为 record
table=new JTable(record, columnname);
//获取选择模型,绑定选择事件监听器
table.getSelectionModel().addListSelectionListener(new DealAction());
//获取列模型,绑定列模型事件监听器
table.getColumnModel().addColumnModelListener(new DealAction());

//创建带滚动条面板对象
JScrollPane scrollPane=new JScrollPane(table);

JPanel panel=new JPanel();
lblMessage=new JLabel("selected message: "+"\n");
panel.add(lblMessage);

frame.setLayout(new BorderLayout());
//将表格,消息面板加入框架
frame.getContentPane().add(scrollPane, BorderLayout.NORTH);
frame.getContentPane().add(panel, BorderLayout.SOUTH);
//设置框架大小
frame.setSize(400, 400);
//设置框架为可见
frame.setVisible(true);
}

//实现列模型事件,选择事件监听器接口的内部类
class DealAction implements ListSelectionListener, TableColumnModelListener {
    //选择事件处理方法

    public void valueChanged(ListSelectionEvent evt) {
        //获取所选行
        row=table.getSelectedRow();
        //调用类内部方法,显示所选结果 (不可直接显示在标签上,需要调用方法显示)
        this.ouputMessage();
    }

    //列模型事件处理方法之一,选择列事件处理方法
    public void columnSelectionChanged(ListSelectionEvent evt) {
        //获取所选列
        col=table.getSelectedColumn();
        this.ouputMessage();

    }
    //列模型事件处理其他方法
    public void columnAdded(TableColumnModelEvent e) {
    }
    public void columnRemoved(TableColumnModelEvent e) {
    }
    public void columnMoved(TableColumnModelEvent e) {
```

```
    }
    public void columnMarginChanged(ChangeEvent e) {
    }

    public void ouputMessage() {
        String str=(String) table.getValueAt(row, col);
        JTableEventDemo.this.lblMessage.setText("第"+(row+1)+"行"+
        "第"+(col+1)+"列"+"     "+"单元格内容:"+str);

    }
}

    public static void main(String[] args) {
        new JTableEventDemo();

    }
}
```

例 4-4 运行结果如图 4-6 所示。

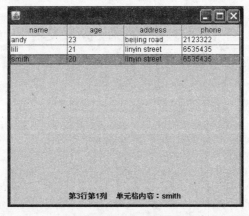

图 4-6 例 4-4 运行结果

> 🖱️ **说明** 程序中使用了一个 JTable,当用户在表格中单击不同的单元格,产生表格的 ListSelectionEvent 事件,该事件由 ListSelectionListener 监听器对象中的 valueChanged() 方法和 TableColumnModelListener 监听接口中的 columnSelectionChanged() 方法共同处理,实现当用户选择不同的单元格时获取单元格的行、列和内容,并显示出来。

4.3 任务:验证所录产品信息的格式合法性

4.3.1 任务描述及分析

1. 任务描述

仓储管理系统中,录入产品信息的 JFrame 界面已设计好了,但录入数据合法性验证仅

能检查字段是否为空,对于特定字段的输入格式无法限制。合法性验证还要求:

- 产品价格、产品安全库存和产品数量格式为数字。
- 当用户输入信息不合法时必须提示错误信息。

2. 任务分析

如果录入界面的数据字段很多,利用按钮事件进行数据检验,会给操作带来诸多不便。比如,用户上网进行新用户注册,需要填写冗长的申请表。因此,有必要改变数据合法性检验的处理方法,以便用户在输入某个字段时,即可判断其合法性。

Java所提供的键盘事件类,可以实现输入文本框时,判断输入数据的合法性。因此需要更进一步地了解键盘事件的处理机制。因此,实现对数据的格式合法性检验,解决问题的步骤如下:

- 确定输入数据的格式合法性要求,以及错误信息。
- 理解键盘事件的处理机制。
- 编写代码。

4.3.2 知识学习

1. 低级事件

低级事件是指基于组件和容器的事件。如鼠标的进入、单击、拖放等,或组件的窗口开关等。

鼠标事件与键盘事件是两种常用的低层次事件。

2. 鼠标事件(MouseEvent)

鼠标事件用于鼠标所产生的事件,包括:MOUSE_CLICKED(单击)、MOUSE_DRAGGED(拖曳)、MOUSE_ENTERED(移入)、MOUSE_EXITED(移出)、MOUSE_MOUVED(移动)、MOUSE_PRESSED(按下)、MOUSE_RELEASED(释放)等事件。对于那些由用户单击按钮之类的动作,不需要明确地处理鼠标事件,它将由组件内部翻译成相应的语义事件。而当用户通过鼠标画图时,需要捕捉鼠标的拖曳、单击或移动等事件。

首先,介绍一个简单的测试鼠标位置、鼠标单击和进入事件的程序。该程序可以捕捉到鼠标当前位置的 X、Y 轴坐标值。

【例4-5】 鼠标事件处理。

```
import java.awt.*;
import java.awt.event.*;
import javax.swing.*;
public class MouseTest extends JFrame
{   int x,y;
    JPanel panel;
    JLabel labelX,labelY;
    JTextField textX,textY;
    JTextField text1,text2;
```

```
public MouseTest ()
{
    panel=new JPanel();
    labelX=new JLabel("X: ");
    labelY=new JLabel("Y: ");
    textX=new JTextField(3);
    textY=new JTextField(3);
    text1=new JTextField(8);
    text2=new JTextField(5);

    getContentPane().add(panel);
    panel.add(labelX);
    panel.add(textX);
    panel.add(labelY);
    panel.add(textY);
    panel.add(text1);
    panel.add(text2);

    //定义、绑定鼠标事件监听器对象
    addMouseListener(new TestMouseListener());
    addMouseMotionListener(new TestMovedListener());
}
//实现鼠标监听器接口
class TestMouseListener implements MouseListener
{
    public void mouseClicked(MouseEvent event)
    {
        text1.setText("Mouse Click"); //鼠标单击
    }
    public void mousePressed(MouseEvent event)
    {
    }
    public void mouseEntered(MouseEvent   event)
    {
        text2.setText("Come in");      //鼠标进入
    }
    public void mouseExited(MouseEvent   event)
    {
    }
    public void mouseReleased(MouseEvent   event)
    {
    }
}
//实现鼠标监听器接口
class TestMovedListener implements MouseMotionListener
{
    public void mouseMoved(MouseEvent   evt)
    {
        x=evt.getX();
        y=evt.getY();
        textX.setText(String.valueOf(x));
```

```
            textY.setText(String.valueOf(y));
        }
        public void mouseDragged(MouseEvent  event)
        {
        }
    }
    public static void main(String args[])
    {
        MouseTest mouseXY=new MouseTest();
        mouseXY.setSize(400,150);
        mouseXY.show();
    }
}
```

例 4-5 运行结果如图 4-7 所示。

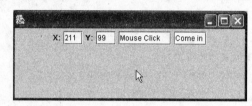

图 4-7　例 4-5 运行结果

上述程序代码完成如下功能：

（1）定义、绑定两个鼠标事件的监听器对象。

（2）实现鼠标监听器接口 MouseListener，MouseMotionListener。

（3）MouseListener 接口中的 mouseClicked()方法，当鼠标单击事件发生时，将在文本框中显示"Mouse Click"；mouseEntered()方法，当鼠标移入界面时，将在文本框中显示"Come in"。

（4）MouseMotionListener 接口的 mouseMoved()方法实现过程中，利用鼠标事件 MouseEvent 类的方法 getX、getY 获取鼠标的 X、Y 轴坐标值。

3．键盘事件（KeyEvent）

键盘事件类（KeyEvent）是当用户按下键盘时发生的事件：按下一个键时产生 KEY_PRESSED（按下键盘）事件，而释放该键时将产生 KEY_RELEASED（释放键盘）事件。由于 KEY_PRESSED 和 KEY_RELEASED 属于低层事件，使用不方便。因此，Java 提供了一个高层次的事件 KEY_TYPED（输入按键事件），以方便用户输入字符。

按下和释放键盘上的键会导致（依次）生成以下按键事件：

- KEY_PRESSED。
- KEY_TYPED（只在可生成有效 Unicode 字符时产生，对于不生成 Unicode 字符的键是不会生成输入键事件的，如动作键、修改键等）。
- KEY_RELEASED。

当用户在文本框中输入内容时，将发生键盘事件。KeyEvent 类负责捕获键盘事件，通过为组件注册实现了 KeyListener 接口的监听器类来处理相应的键盘事件。

【例 4-6】 键盘事件处理。

```java
import java.awt.BorderLayout;
import java.awt.event.KeyEvent;
import java.awt.event.KeyListener;
import javax.swing.JFrame;
import javax.swing.JLabel;
import javax.swing.JScrollPane;
import javax.swing.JTextArea;

public class KeyEvent_Example extends JFrame {          //继承窗体类 JFrame

    public static void main(String args[]) {
        KeyEvent_Example frame=new KeyEvent_Example();
        frame.setVisible(true);                          //设置窗体可见,默认为不可见
    }

    public KeyEvent_Example() {
        super();                                         //继承父类的构造方法
        setTitle("键盘事件示例");                          //设置窗体的标题
        setBounds(100, 100, 500, 375);                    //设置窗体的显示位置及大小
        //设置窗体"关闭"按钮的动作为"退出"
        setDefaultCloseOperation(JFrame.EXIT_ON_CLOSE);
        final JLabel label=new JLabel();
        label.setText("备注：");
        getContentPane().add(label, BorderLayout.WEST);
        final JScrollPane scrollPane=new JScrollPane();
        getContentPane().add(scrollPane, BorderLayout.CENTER);
        JTextArea textArea=new JTextArea();
        textArea.addKeyListener(new KeyListener() {

            public void keyPressed(KeyEvent e) {          //按键被按下时被触发
                //获得描述 keyCode 的标签
                String keyText=KeyEvent.getKeyText(e.getKeyCode());
                if (e.isActionKey()) {                    //判断按下的是否为动作键
                    System.out.println("您按下的是动作键""+keyText+""");
                } else {
                    System.out.print("您按下的是非动作键""+keyText+""");
                    //获得与此事件中的键相关联的字符
                    int keyCode=e.getKeyCode();
                    switch (keyCode) {
                        case KeyEvent.VK_CONTROL:          //判断按下的是否为 Ctrl 键
                            System.out.print(",Ctrl 键被按下");
                            break;
                        case KeyEvent.VK_ALT:              //判断按下的是否为 Alt 键
                            System.out.print(",Alt 键被按下");
                            break;
                        case KeyEvent.VK_SHIFT:            //判断按下的是否为 Shift 键
                            System.out.print(",Shift 键被按下");
                            break;
                    }
```

```
                    System.out.println();
                }
            }

            public void keyTyped(KeyEvent e) {          //发生击键事件时被触发
                //获得输入的字符
                System.out.println("此次输入的是""+e.getKeyChar()+""");
            }

            public void keyReleased(KeyEvent e) {        //按键被释放时被触发
                //获得描述 keyCode 的标签
                String keyText=KeyEvent.getKeyText(e.getKeyCode());
                System.out.println("您释放的是""+keyText+""键");
                System.out.println();
            }
        });
        textArea.setLineWrap(true);
        textArea.setRows(3);
        textArea.setColumns(15);
        scrollPane.setViewportView(textArea);
    }
}
```

> ☞ **说明**　在 KeyEvent 类中以"VK_"开头的静态常量代表各个按键的 KeyCode，可以通过这些静态常量判断事件中的按键，以及获得按键的标签。

运行本例，首先输入小写字母"m"，然后键入一个空格，接下来输入大写字母"M"，再按 Shift 键，最后按 F5 键，控制台的输入如图 4-8 所示。

图 4-8　例 4-6 运行结果

4.3.3 任务实施

第一步：确定限制输入格式的文本框

产品价格、产品安全库存和产品数量文本框中应输入数字。

第二步：了解键盘事件的处理机制

通过实现 KeyListener 接口中的 KeyPressed()方法或 keyReleased()方法可以捕获 KeyEvent 类产生的事件。这两个方法用以捕捉原始键盘事件。而方法 KeyTyped 可以把前两个动作结合起来，它报告用户击键所生成的字符。这里将利用 KeyTyped()方法，获取用户击键所生成的字符。当用户按下一个键时，在程序中可以利用 KeyEvent 类提供的方法 getKeyCode()返回该键的键码（keyCode）。

第三步：编写代码

```
import javax.swing.*;
import java.awt.*;
import java.awt.event.*;
/*
 * 产品信息处理 (加入语义、键盘事件处理)
 */
public class ProductHandle_2 extends JFrame
{
    JFrame frame;

    //声明容器类变量
    Container content;

    JLabel labelProductNo;
    JLabel labelProductName;
    JLabel labelProductClass;
    JLabel labelProductType;
    JLabel labelProductNumber;
    JLabel labelMinNumber;
    JLabel labelProductPrice;
    JLabel labelProductArea;
    JLabel labelSupplierCompany;
    JLabel labelProductDescript;

    JLabel labelLOGO;
    JLabel labelTitle;
    JLabel labelSpace;
    JLabel labelMessage;

    JTextField textProductNo;
    JTextField textProductName;
    //JTextField textProductClass;
    JComboBox comboProductClass;
```

```
        JTextField textProductType;
        JTextField textProductNumber;
        JTextField textMinNumber;
        JTextField textProductPrice;
        JTextField textProductArea;
        JTextField textSupplierCompany;
        JTextField textProductDescript;

        JButton buttonSubmit;

        String cstr=null;
        String pstr=null;
        //声明布局类变量
        GridBagLayout gl;
        GridBagConstraints gbc;

        public ProductHandle_2()
        {
            super("产品信息录入");
            //实例化布局类对象
            gl=new GridBagLayout();
            gbc=new GridBagConstraints();
            content=this.getContentPane();
            //设置布局
            content.setLayout(gl);

            //实例化标签对象
            labelProductNo=new JLabel("产品编号");
            labelProductName=new JLabel("产品名称");
            labelProductClass=new JLabel("产品类别");
            labelProductType=new JLabel("产品型号");
            labelProductNumber=new JLabel("数量");
            labelMinNumber=new JLabel("安全库存");
            labelProductPrice=new JLabel("产品价格");
            labelProductArea=new JLabel("生产地区");
            labelSupplierCompany=new JLabel("供应商");
            labelProductDescript=new JLabel("产品描述");
            //LOGO
            labelLOGO=new JLabel(new ImageIcon("images/4.gif"));
            //标题设置字体、颜色
            labelTitle=new JLabel("安达仓库管理系统");
            labelTitle.setFont(new Font("Serif",Font.BOLD+Font.ITALIC,18));
            labelTitle.setForeground(Color.BLUE);
            labelSpace=new JLabel("    ");
            labelMessage=new JLabel();

            //实例化文本框对象
            textProductNo=new JTextField(5);
            textProductName=new JTextField(10);
            //textProductClass=new JTextField(10);
            //产品类别下拉选项框
```

```
comboProductClass=new JComboBox();
comboProductClass.addItem("计算机");
comboProductClass.addItem("MP3");
comboProductClass.addItem("硬盘");
comboProductClass.addItem("USB");
comboProductClass.addItem("数码相机");

textProductType=new JTextField(10);
textProductNumber=new JTextField(10);
textMinNumber=new JTextField(10);
textProductPrice=new JTextField(10);
textProductArea=new JTextField(20);
textSupplierCompany=new JTextField(20);
textProductDescript=new JTextField(40);

//实例化按钮对象
buttonSubmit=new JButton("提交");

//设置组件的位置
gbc.anchor=GridBagConstraints.NORTHWEST;
gbc.gridx=1;
gbc.gridy=2;
gl.setConstraints(labelLOGO,gbc);
content.add(labelLOGO);

//设置组件的位置
gbc.anchor=GridBagConstraints.NORTHWEST;
gbc.gridx=4;
gbc.gridy=2;
gl.setConstraints(labelTitle,gbc);
content.add(labelTitle);

//设置组件的位置
gbc.anchor=GridBagConstraints.NORTHWEST;
gbc.gridx=1;
gbc.gridy=3;
gl.setConstraints(labelSpace,gbc);
content.add(labelSpace);

//设置组件的位置
gbc.anchor=GridBagConstraints.NORTHWEST;
gbc.gridx=1;
gbc.gridy=5;
gl.setConstraints(labelProductNo,gbc);
content.add(labelProductNo);

gbc.gridx=4;
gbc.gridy=5;
gl.setConstraints(textProductNo,gbc);
content.add(textProductNo);
```

```
        gbc.gridx=1;
        gbc.gridy=8;
        gl.setConstraints(labelProductName,gbc);
        content.add(labelProductName);

        gbc.gridx=4;
        gbc.gridy=8;
        gl.setConstraints(textProductName,gbc);
        content.add(textProductName);

        gbc.gridx=1;
        gbc.gridy=11;
        gl.setConstraints(labelProductClass,gbc);
        content.add(labelProductClass);

        gbc.gridx=4;
        gbc.gridy=11;
        gl.setConstraints(comboProductClass,gbc);
        content.add(comboProductClass);
        //创建组合框监听对象
        ComboListener cmblistener=new ComboListener();
        //绑定监听器
        comboProductClass.addItemListener(cmblistener);

        gbc.gridx=1;
        gbc.gridy=14;
        gl.setConstraints(labelProductType,gbc);
        content.add(labelProductType);

        gbc.gridx=4;
        gbc.gridy=14;
        gl.setConstraints(textProductType,gbc);
        content.add(textProductType);

        gbc.gridx=1;
        gbc.gridy=17;
        gl.setConstraints(labelProductNumber,gbc);
        content.add(labelProductNumber);

        gbc.gridx=4;
        gbc.gridy=17;
        gl.setConstraints(textProductNumber,gbc);
        content.add(textProductNumber);
        //绑定键盘监听器对象
        textProductNumber.addKeyListener(new KeyEventListener());

        gbc.gridx=1;
        gbc.gridy=20;
        gl.setConstraints(labelMinNumber,gbc);
        content.add(labelMinNumber);
```

```
gbc.gridx=4;
gbc.gridy=20;
gl.setConstraints(textMinNumber,gbc);
content.add(textMinNumber);
//绑定键盘监听器对象
textMinNumber.addKeyListener(new KeyEventListener());

gbc.gridx=1;
gbc.gridy=23;
gl.setConstraints(labelProductArea,gbc);
content.add(labelProductArea);

gbc.gridx=4;
gbc.gridy=23;
gl.setConstraints(textProductArea,gbc);
content.add(textProductArea);

gbc.gridx=1;
gbc.gridy=26;
gl.setConstraints(labelSupplierCompany,gbc);
content.add(labelSupplierCompany);

gbc.gridx=4;
gbc.gridy=26;
gl.setConstraints(textSupplierCompany,gbc);
content.add(textSupplierCompany);

gbc.gridx=1;
gbc.gridy=29;
gl.setConstraints(labelProductDescript,gbc);
content.add(labelProductDescript);

gbc.gridx=4;
gbc.gridy=29;
gl.setConstraints(textProductDescript,gbc);
content.add(textProductDescript);

gbc.gridx=1;
gbc.gridy=32;
gl.setConstraints(labelProductPrice,gbc);
content.add(labelProductPrice);

gbc.gridx=4;
gbc.gridy=32;
gl.setConstraints(textProductPrice,gbc);
content.add(textProductPrice);
//绑定键盘监听器对象
textProductPrice.addKeyListener(new KeyEventListener());

gbc.gridx=8;
gbc.gridy=38;
```

```
        gl.setConstraints(buttonSubmit,gbc);
        content.add(buttonSubmit);
        //创建监听类
        SubmitListener btnlistener=new SubmitListener();
        //在按钮上绑定监听类对象
        buttonSubmit.addActionListener(btnlistener);

        gbc.gridx=4;
        gbc.gridy=42;
        gl.setConstraints(labelMessage,gbc);
        content.add(labelMessage);

        this.setSize(600,500);
        this.setVisible(true);
    }

//按钮监听类
class SubmitListener implements ActionListener{
    //事件处理方法
    public void actionPerformed(ActionEvent evt){
        //获取事件源对象
        Object obj=evt.getSource();
        JButton source=(JButton)obj;
        //判断事件源是否是按钮
        if(source.equals(buttonSubmit)){
            //判断文本框是否为空
            if(textProductNo.getText().length()==0){
                labelMessage.setText("产品编号不能为空");
                return;
            }
            if(textProductName.getText().length()==0){
                labelMessage.setText("产品名称不能为空");
                return;
            }
            if(textProductType.getText().length()==0){
                labelMessage.setText("产品类型不能为空");
                return;
            }
            if(textProductArea.getText().length()==0){
                labelMessage.setText("产品产地不能为空");
                return;
            }
            if(textSupplierCompany.getText().length()==0){
                labelMessage.setText("产品供应商不能为空");
                return;
            }
            if(textProductDescript.getText().length()==0){
                labelMessage.setText("产品描述不能为空");
                return;
            }
```

```
        if(textMinNumber.getText().length()==0){
            labelMessage.setText("产品安全库存量不能为空");
            return;
        }

        if(textProductNumber.getText().length()==0){
            labelMessage.setText("产品数量不能为空");
            return;
        }
        //将数量、安全库存转换为整型
        Integer minNum=Integer.valueOf(textMinNumber.getText());
        Integer number=Integer.valueOf(textProductNumber.getText());

        if(minNum<0){
            labelMessage.setText("产品安全库存时不能小于零");
            return;
        }

        if(number<0||number<minNum){
            labelMessage.setText("产品数量不能小于零,或是小于安全库存");
            return;
        }
        //将价格转换为双精度类型
        Double price=Double.parseDouble(textProductPrice.getText());
        if(price<0.0){
            labelMessage.setText("产品价格不能小于零");
            return;
        }
        pstr=textProductNo.getText()+"  "+textProductName.getText()+
        "  "+ cstr+ textProductType.getText()+"  "+textProductNumber.
        getText()+"  " + textProductNumber. getText()+"   " +
        textProductArea.getText()+"  "+textProductPrice.getText()+"  "+
        textSupplierCompany.getText()+"  "+textProductDescript.getText()
        +"  "+textProductDescript.getText();
        //显示所输入产品信息
        labelMessage.setText(pstr);
        }
    }
}


//组合框选项监听类
class ComboListener implements ItemListener{
    public void itemStateChanged(ItemEvent evt){
        //获取选项值
        if(comboProductClass.getSelectedItem().equals("计算机"))
            cstr="计算机";
        else if(comboProductClass.getSelectedItem().equals("硬盘"))
            cstr="硬盘";
        else if(comboProductClass.getSelectedItem().equals("USB"))
            cstr="USB";
        else if(comboProductClass.getSelectedItem().equals("MP3"))
```

```
            cstr="MP3";
        else if(comboProductClass.getSelectedItem().equals("数码相机"))
            cstr="数码相机";
    }

}
//实现键盘事件监听类
class KeyEventListener implements KeyListener{
    public void keyPressed(KeyEvent e){
    }
    public void keyReleased(KeyEvent e){
    }
    //当输入非数字时,显示出错信息
    public void keyTyped(KeyEvent e){
        JTextField txtField= (JTextField)e.getSource();
        //当事件源为产品数量,安全库存量,价格文本框时
    if(txtField.equals(textProductNumber)||txtField.equals(textMinNumber)||
    txtField.equals(textProductPrice)){
            //输入值在0~9之外则报错
            if(e.getKeyChar()<'0'||e.getKeyChar()>'9'){
                labelMessage.setText("必须为数字");
                return;
            }
        }
    }
}
public static void main(String[] args)
{
    ProductHandle_2 obj=new ProductHandle_2();
}
}
```

运行结果如图 4-9 所示。

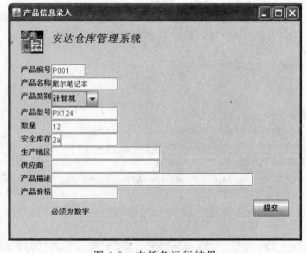

图 4-9　本任务运行结果

> **说明** 由于键盘监听类中使用了 KeyListener 接口,因此必须在该类中声明 KeyListener 接口中所有的方法,无论该监听类中是否需要用到这些方法。

第四步:检验程序执行

在产品数量文本框、产品安全库存文本框或产品价格文本框中输入含有字符的数据,检验是否会提示出错。

练习 2:验证所录客户信息的格式合法性

客户资料的数据录入,已完成部分检验功能,但还需要限制供应商年龄的输入格式为数字,E-mail 字段中应包含"@"字符。

4.4 拓展:其他低级事件

4.4.1 焦点事件

焦点事件监听器(FocusListener)在实际项目开发中应用也比较广泛,如将光标焦点离开一个文本框时需要弹出一个对话框,或者将焦点返回给该文本框等。当组件获得或失去焦点时会产生焦点事件(FocusEvent)。焦点事件属于低层次事件,通过下面的例子,说明组件焦点事件的处理机制。

【例 4-7】 焦点事件处理。

```
/*焦点事件处理*/
import java.awt.*;
import javax.swing.*;
import java.awt.event.*;

public class FocusEventDemo extends JFrame implements FocusListener{
    JPanel panel,panel_1,panel_2;
    JLabel label;
    JTextField txtField;
    JTextArea txtArea;
    JComboBox combox;
    JButton button;
    GridLayout gl;

    public FocusEventDemo(){
        super("focus event demo");
        //创建格子布局类
        gl=new GridLayout(2,1);
        panel=new JPanel();
        panel.setLayout(gl);
        //创建两个面板
        panel_1=new JPanel();
        panel_2=new JPanel();
        label=new JLabel("name");
        txtField=new JTextField(20);
        txtArea=new JTextArea(10,20);
```

```
        txtArea.setEditable(false);
        combox= new JComboBox(new String[]{"one","two","three","four","five","
        six"});
        JScrollPane scoPane=new JScrollPane(txtArea);
        scoPane.getHorizontalScrollBar().setFocusable(false);
        scoPane.getVerticalScrollBar().setFocusable(false);
        button=new JButton("button");

        //绑定聚焦监听器
        txtField.addFocusListener(this);
        combox.addFocusListener(this);
        button.addFocusListener(this);

        //panel_1放置 label、txtField、combox、button
        panel_1.add(label);
        panel_1.add(txtField);
        panel_1.add(combox);
        panel_1.add(button);
        //panel_2放置 scoPane
        panel_2.setLayout(new BorderLayout());
        panel_2.add(scoPane,BorderLayout.CENTER);
        panel_2.setPreferredSize(new Dimension(150,150));
        panel_2.setBorder(BorderFactory.createEmptyBorder(20,20,20,20));

        this.getContentPane().add(panel);
        panel.add(panel_1);
        panel.add(panel_2);

        this.pack();
        this.setVisible(true);

    }

    public void focusGained(FocusEvent e){
        //显示聚焦控件类名
        txtArea.append("Focus Gained "+e.getComponent().getClass().getName()+"\n");

    }

    public void focusLost(FocusEvent e){}

    public static void main(String[] args){
        new FocusEventDemo();
    }
}
```

例 4-7 运行结果如图 4-10 所示。

在例 4-7 中，为文本框、组合框和按钮组件注册了焦点事件监听器。这个监听器要实现 FocusListener 接口，在该接口中定义了两个方法，分别为 focusLost()方法与 focusGained() 方法，其中 focusLost()方法是在组件失去焦点时调用，而 focusGained()方法是在组件获取 焦点时调用。由于本例需要实现当组件获得焦点时在多行文本框中新增信息的功能，所以

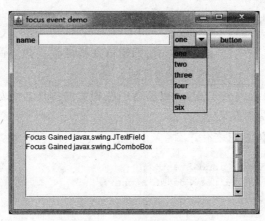

图 4-10 例 4-7 运行结果

重写 focusGained()方法。

当用户单击文本框、组合框或按钮时,该组件获得焦点,上面的程序将完成以下几个内容:

(1)产生 FocusEvent 事件。

(2)用焦点事件监听器 FocusListener 对象的 focusGained()方法来处理 FocusEvent 事件。

(3) focusGained()方法实现在多行文本框中新增一行信息。

4.4.2 窗体事件

在捕获窗体事件时,可以通过 3 个事件监听器接口来实现,分别是 WindowFocusListener、WindowStateListener 和 WindowListener。接下来将介绍这三种事件监听器的使用方法,主要是各自捕获的事件类型和各个抽象方法的调用条件。表 4-2 给出窗体事件监听接口及方法说明。

表 4-2 窗体事件监听接口及方法

事 件 类 型	接 口	方法及参数
窗体	WindowFocusListener	windowGainedFocus(WindowEvent)
		windowLostFocus(WindowEvent)
	WindowStateListener	windowStateChanged(WindowEvent)
	WindowListener	windowActivated(WindowEvent)
		windowDeactivated(WindowEvent)
		windowOpened(WindowEvent)
		windowClosed(WindowEvent)
		windowClosing(WindowEvent)
		windowIconified(WindowEvent)
		windowDeIconified(WindowEvent)

1. 窗体焦点变化事件

需要捕获窗体焦点发生变化的事件时，即窗体获得或失去焦点的事件时，可以通过实现 WindowFocusListener 接口的事件监听器完成。

通过捕获窗体获得或失去焦点，可以进行一些相关的操作。例如，当窗体重新获得焦点时，令所有组件均恢复为默认设置。

【例 4-8】 捕获窗体焦点变化事件。

```java
import java.awt.event.WindowEvent;
import java.awt.event.WindowFocusListener;
import javax.swing.JFrame;

public class WindowFocusListener_Example extends JFrame {
    public static void main(String args[]) {
        WindowFocusListener_Example frame=new WindowFocusListener_Example();
        frame.setVisible(true);
    }
    public WindowFocusListener_Example() {
        super();
        //为窗体添加焦点事件监听器
        addWindowFocusListener(new MyWindowFocusListener());
        setTitle("捕获窗体焦点事件");
        setBounds(100, 100, 500, 375);
        setDefaultCloseOperation(JFrame.DISPOSE_ON_CLOSE);
    }
    private class MyWindowFocusListener implements WindowFocusListener {

        public void windowGainedFocus(WindowEvent e) {//窗口获得焦点时被触发
            System.out.println("窗口获得了焦点!");
        }

        public void windowLostFocus(WindowEvent e) {//窗口失去焦点时被触发
            System.out.println("窗口失去了焦点!");
        }
    }
}
```

例 4-8 运行结果如图 4-11 所示。

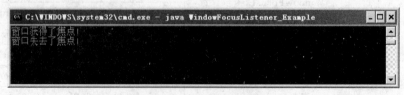

图 4-11 例 4-8 运行结果

2. 窗体状态变化事件

需要捕获窗体状态发生变化的事件时，即窗体由正常化变为图标化、由最大化变成正常化等事件时,可以通过实现了 WindowStateListener 接口的事件监听器完成。

在抽象方法 windowStateChanged()中传入了 WindowEvent 类的对象。WindowEvent 类中有以下两个常用方法,用来获得窗体的状态,它们均返回一个代表窗体状态的 int 类型值。

- getNewState():用来获得窗体以前的状态。
- getOldState():用来获得窗体现在的状态。

可以通过 Frame 类中的静态常量判断返回的 int 类型值具体代表什么状态,这些静态常量如表 4-3 所示。

表 4-3　Frame 类中代表窗体状态的静态常量

静 态 常 量	常 量 值	代表的状态
NORMAL	0	代表窗体处于"正常化"状态
ICONIFIED	1	代表窗体处于"图标化"状态
MAXIMIZED_BOTH	6	代表窗体处于"最大化"状态

【例 4-9】　捕获窗体状态变化事件。

```java
import java.awt.Frame;
import java.awt.event.WindowEvent;
import java.awt.event.WindowStateListener;
import javax.swing.JFrame;

public class WindowStateListener_Example extends JFrame {
    public static void main(String args[]) {
        WindowStateListener_Example frame=new WindowStateListener_Example();
        frame.setVisible(true);
    }
    public WindowStateListener_Example() {
        super();
        //为窗体添加状态事件监听器
        addWindowStateListener(new MyWindowStateListener());
        setTitle("捕获窗体状态事件");
        setBounds(100, 100, 500, 375);
        setDefaultCloseOperation(JFrame.DISPOSE_ON_CLOSE);
    }
    private class MyWindowStateListener implements WindowStateListener {
        public void windowStateChanged(WindowEvent e) {
            int oldState=e.getOldState();              //获得窗体以前的状态
            int newState=e.getNewState();              //获得窗体现在的状态
            String from="";                            //标识窗体以前状态的中文字符串
            String to="";                              //标识窗体现在状态的中文字符串
            switch (oldState) {                        //判断窗体以前的状态
                case Frame.NORMAL:                     //窗体处于正常化
                    from="正常化";
                    break;
                case Frame.MAXIMIZED_BOTH:             //窗体处于最大化
                    from="最大化";
                    break;
                default:                               //窗体处于图标化
                    from="图标化";
```

```
        }
        switch (newState) {                      //判断窗体现在的状态
            case Frame.NORMAL:                   //窗体处于正常化
                to="正常化";
                break;
            case Frame.MAXIMIZED_BOTH:           //窗体处于最大化
                to="最大化";
                break;
            default:                             //窗体处于图标化
                to="图标化";
        }
        System.out.println(from+"— —>"+to);
    }
}
```

运行例 4.9,首先将窗体图标化后再恢复正常化,然后将窗体最大化后再图标化,最后将窗体最大化后再恢复正常化,控制台的输出如图 4-12 所示。

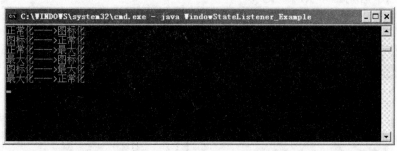

图 4-12　例 4-9 运行结果

3. 其他窗体事件

要捕获其他与窗体有关的事件时,如捕获窗体被打开、将要关闭、已经被关闭等事件时,可以通过实现 WindowListener 接口事件监听器完成。

通过捕获窗体将要被关闭等事件,可以进行一些相关的操作,例如,当窗体将要被关闭时,询问是否保存未保存的设置等。

【例 4-10】 捕获其他窗体事件。

```java
import java.awt.event.WindowEvent;
import java.awt.event.WindowListener;
import javax.swing.JFrame;

public class WindowListener_Example extends JFrame {
    public static void main(String args[]) {
        WindowListener_Example frame=new WindowListener_Example();
        frame.setVisible(true);
    }
    public WindowListener_Example() {
        super();
        addWindowListener(new MyWindowListener());  //为窗体添加其他事件监听器
```

```
        setTitle("捕获其他窗体事件");
        setBounds(100, 100, 500, 375);
        setDefaultCloseOperation(JFrame.DISPOSE_ON_CLOSE);
    }
    private class MyWindowListener implements WindowListener {
        public void windowActivated(WindowEvent e) { //窗体被激活时触发
            System.out.println("窗口被激活!");
        }
        public void windowOpened(WindowEvent e) {      //窗体被打开时触发
            System.out.println("窗口被打开!");
        }
        public void windowIconified(WindowEvent e) { //窗体被图标化时触发
            System.out.println("窗口被图标化!");
        }
        public void windowDeiconified(WindowEvent e) {   //窗体被非图标化时触发
            System.out.println("窗口被非图标化!");
        }
        public void windowClosing(WindowEvent e) {     //窗体将要被关闭时触发
            System.out.println("窗口将要被关闭!");
        }
        //窗体不再处于激活状态时触发
        public void windowDeactivated(WindowEvent e) {
            System.out.println("窗口不再处于激活状态!");
        }
        public void windowClosed(WindowEvent e) {      //窗体已经被关闭时触发
            System.out.println("窗口已经被关闭!");
        }
    }
}
```

运行例 4-10,首先令窗体失去焦点后再得到焦点,然后将窗体图标化后再恢复正常化,最后关闭窗体,控制台的输出如图 4-13 所示。

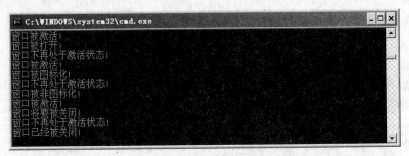

图 4-13　例 4-10 运行结果

小　　结

(1) 在 Java 中,事件就是用户与应用程序间的所有交互。在 Java 中,GUI 程序等待用户执行一些操作,用户通过键盘或鼠标控制 GUI 程序的执行顺序,这种对 GUI 程序的控制是通过系统调用某个方法来实现的。称之为事件驱动编程。

（2）事件由三个组件组成。

- 事件对象——当用户按下键或鼠标按钮对 GUI 程序操作时，将产生一个事件。关于事件的信息是被封装在一个事件对象中的。事件对象所包含的信息有：事件的类型（如移动鼠标）、产生事件的组件（如按钮）以及事件发生的时间。
- 事件源——产生事件的对象。不同的事件源会产生不同的事件。
- 事件处理程序——事件产生后，对事件的处理方法。系统将事件对象作为参数传递给事件处理程序。

（3）Java 事件处理机制。

- 在程序中，一个会产生事件的对象（事件源）必须设定其事件处理的监听器对象（即注册监听器对象）。
- 监听器对象是一个实现了专门的监听器接口类的实例。
- 当事件产生时，事件源将事件对象发送给事件源所注册的监听器（一个或多个）。
- 监听器对象使用事件对象的信息来确定做出的反应。

（4）java.awt.event 包中的事件类。

java.awt.event 包中有四个语义事件类：ActionEvent、AdjustmentEven、ItemEven 和 TextEven。

另外，还有六个低级事件类：ComponentEven、ContainerEvent、FocusEvent、WindowEvent、KeyEvent 和 MouseEvent。

（5）创建监听类而使用接口时，监听类中必须声明该接口中所有的方法，不管监听类中是否需要用到这些方法。

本 章 练 习

1. 设计一个程序，通过文本框输入不同的英语句子，在屏幕上显示出其对应的中文句子。

2. 设计一个程序，当鼠标移入屏幕时，屏幕上显示"鼠标在这里"；当鼠标移出屏幕时，显示"鼠标不在这里"。（提示：创建一个标签，绑定鼠标事件在标签上）

3. 面板上有三个组件：JLabel、JTextField 和 JButton，当用户在 JTextField 中输入时，JLabel 上会随之显示；若用户按下 D 键，则会显示按钮 JButton；按下 H 键，则隐藏之；当用户按下 JButton 时，则清除 JTextField 和 JLabel 上的内容。

4. 在客户资料管理系统中，当选择客户代码列表中的某个客户时，可显示该客户的详细资料。

5. 在购物 Applet 上，有商品（下拉列表）、包装（下接列表）及送货方式（单选项）三个控件。当客户选购商品后，同时选择相应的包装及送货方式，需要计算出客户应付的总金额，并显示在 Applet 上。

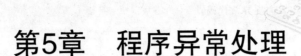

第5章　程序异常处理

知识要点：

- 异常和异常类
- 异常处理机制
- 创建自己的异常类

引子：如果程序出错了，怎么办

在调试产品信息录入程序时，可能会遇到这样的情况：应用程序运行过程中突然中止，屏幕上出现一大堆英文……让人不知所措。不过大家都知道，一定是程序出错了，究竟是出了什么错，为什么出错，如果软件专业人士，还可以从错误描述中找到些蛛丝马迹，而对于一般用户来说，只好到处求救或是作罢。

在许多城市，银行 ATM 机随处可见，取款非常方便。在 ATM 机上取款必须按照一定的步骤操作，若操作出错，会出现相应的提示信息，指导你下一步的操作。比如密码输入错误，ATM 机将会显示"密码输入错误，请重新输入"的消息，如果三次密码输入都有误，则会吞卡。

上面的例子中，一个是程序出错，另一个是用户操作失误。其实，任何程序都可能在运行中出现错误，用户在操作时也难免会出现误操作。如果对于程序可能出现的错误或用户的误操作加以适当的处理，就能提高程序的实用性和可靠性，比如上述的 ATM 机例子。

所以，对于可能出现的程序错误或用户误操作，必须采取相应的补救措施，保证程序的正常运行。

无论什么原因引起的程序运行不正常，都可以认为是程序出现了异常。在本章中，将主要介绍 Java 中的异常处理。

5.1　任务：处理产品信息录入程序运行的异常情况

5.1.1　任务描述及分析

1. 任务描述

仓储管理系统中，产品信息录入程序模块运行时出现错误，需要进行修改。出错的源代码如下：

```java
import javax.swing.*;
import java.awt.*;
import java.awt.event.*;
/*
 * 产品信息处理(加入捕捉异常代码)
 */

public class ProductThrow_1 extends JFrame{

    JFrame frame;
    //声明容器类变量
    Container content;
    JLabel labelProductNo;
    JLabel labelProductName;
    JLabel labelProductClass;
    JLabel labelProductType;
    JLabel labelProductNumber;
    JLabel labelMinNumber;
    JLabel labelProductPrice;
    JLabel labelProductArea;
    JLabel labelSupplierCompany;
    JLabel labelProductDescript;
    JLabel labelLOGO;
    JLabel labelTitle;
    JLabel labelSpace;
    JLabel labelMessage;
    JTextField textProductNo;
    JTextField textProductName;
    //JTextField textProductClass;
    JComboBox comboProductClass;
    JTextField textProductType;
    JTextField textProductNumber;
    JTextField textMinNumber;
    JTextField textProductPrice;
    JTextField textProductArea;
    JTextField textSupplierCompany;
    JTextField textProductDescript;
    JButton buttonSubmit;
    String cstr="计算机";
    String pstr=null;
    //声明布局类变量
    GridBagLayout gl;
    GridBagConstraints gbc;

    public ProductThrow_1(){
        //frame=new JFrame();
        super("产品信息录入");
        //实例化布局类对象
        gl=new GridBagLayout();
        gbc=new GridBagConstraints();
        content=this.getContentPane();
```

```
//设置布局
content.setLayout(gl);

//实例化标签对象
labelProductNo=new JLabel("产品编号");
labelProductName=new JLabel("产品名称");
labelProductClass=new JLabel("产品类别");
labelProductType=new JLabel("产品型号");
labelProductNumber=new JLabel("数量");
labelMinNumber=new JLabel("安全库存");
labelProductPrice=new JLabel("产品价格");
labelProductArea=new JLabel("生产地区");
labelSupplierCompany=new JLabel("供应商");
labelProductDescript=new JLabel("产品描述");
//LOGO
labelLOGO=new JLabel(new ImageIcon("images/4.gif"));
//设置标题字体、颜色
labelTitle=new JLabel("安达仓库管理系统");
labelTitle.setFont(new Font("Serif",Font.BOLD+Font.ITALIC,18));
labelTitle.setForeground(Color.BLUE);
labelSpace=new JLabel("      ");
labelMessage=new JLabel();

//实例化文本框对象
textProductNo=new JTextField(5);
textProductName=new JTextField(10);
textProductClass=new JTextField(10);
//产品类别组合框
comboProductClass=new JComboBox();
comboProductClass.addItem("计算机");
comboProductClass.addItem("MP3");
comboProductClass.addItem("硬盘");
comboProductClass.addItem("USB");
comboProductClass.addItem("数码相机");

textProductType=new JTextField(10);
textProductNumber=new JTextField(10);
textMinNumber=new JTextField(10);
textProductPrice=new JTextField(10);
textProductArea=new JTextField(20);
textSupplierCompany=new JTextField(20);
textProductDescript=new JTextField(40);

//实例化按钮对象
buttonSubmit=new JButton("提交");

//设置组件的位置
gbc.anchor=GridBagConstraints.NORTHWEST;
gbc.gridx=1;
gbc.gridy=2;
gl.setConstraints(labelLOGO,gbc);
```

```
content.add(labelLOGO);

//设置组件的位置
gbc.anchor=GridBagConstraints.NORTHWEST;
gbc.gridx=4;
gbc.gridy=2;
gl.setConstraints(labelTitle,gbc);
content.add(labelTitle);

//设置组件的位置
gbc.anchor=GridBagConstraints.NORTHWEST;
gbc.gridx=1;
gbc.gridy=3;
gl.setConstraints(labelSpace,gbc);
content.add(labelSpace);

//设置组件的位置
gbc.anchor=GridBagConstraints.NORTHWEST;
gbc.gridx=1;
gbc.gridy=5;
gl.setConstraints(labelProductNo,gbc);
content.add(labelProductNo);

gbc.gridx=4;
gbc.gridy=5;
gl.setConstraints(textProductNo,gbc);
content.add(textProductNo);

gbc.gridx=1;
gbc.gridy=8;
gl.setConstraints(labelProductName,gbc);
content.add(labelProductName);

gbc.gridx=4;
gbc.gridy=8;
gl.setConstraints(textProductName,gbc);
content.add(textProductName);

gbc.gridx=1;
gbc.gridy=11;
gl.setConstraints(labelProductClass,gbc);
content.add(labelProductClass);

gbc.gridx=4;
gbc.gridy=11;
gl.setConstraints(comboProductClass,gbc);
content.add(comboProductClass);
//创建组合框监听对象
ComboListener cmblistener=new ComboListener();
//绑定监听器
comboProductClass.addItemListener(cmblistener);
```

```
gbc.gridx=1;
gbc.gridy=14;
gl.setConstraints(labelProductType,gbc);
content.add(labelProductType);

gbc.gridx=4;
gbc.gridy=14;
gl.setConstraints(textProductType,gbc);
content.add(textProductType);

gbc.gridx=1;
gbc.gridy=17;
gl.setConstraints(labelProductNumber,gbc);
content.add(labelProductNumber);

gbc.gridx=4;
gbc.gridy=17;
gl.setConstraints(textProductNumber,gbc);
content.add(textProductNumber);
//绑定键盘监听器对象
textProductNumber.addKeyListener(new KeyEventListener());

gbc.gridx=1;
gbc.gridy=20;
gl.setConstraints(labelMinNumber,gbc);
content.add(labelMinNumber);

gbc.gridx=4;
gbc.gridy=20;
gl.setConstraints(textMinNumber,gbc);
content.add(textMinNumber);
//绑定键盘监听器对象
textMinNumber.addKeyListener(new KeyEventListener());

gbc.gridx=1;
gbc.gridy=23;
gl.setConstraints(labelProductArea,gbc);
content.add(labelProductArea);

gbc.gridx=4;
gbc.gridy=23;
gl.setConstraints(textProductArea,gbc);
content.add(textProductArea);

gbc.gridx=1;
gbc.gridy=26;
gl.setConstraints(labelSupplierCompany,gbc);
content.add(labelSupplierCompany);

gbc.gridx=4;
gbc.gridy=26;
```

```
gl.setConstraints(textSupplierCompany,gbc);
content.add(textSupplierCompany);

gbc.gridx=1;
gbc.gridy=29;
gl.setConstraints(labelProductDescript,gbc);
content.add(labelProductDescript);

gbc.gridx=4;
gbc.gridy=29;
gl.setConstraints(textProductDescript,gbc);
content.add(textProductDescript);

gbc.gridx=1;
gbc.gridy=32;
gl.setConstraints(labelProductPrice,gbc);
content.add(labelProductPrice);

gbc.gridx=4;
gbc.gridy=32;
gl.setConstraints(textProductPrice,gbc);
content.add(textProductPrice);
//绑定键盘监听器对象
textProductPrice.addKeyListener(new KeyEventListener());

gbc.gridx=8;
gbc.gridy=38;
gl.setConstraints(buttonSubmit,gbc);
content.add(buttonSubmit);
//创建监听类
SubmitListener btnlistener=new SubmitListener();
//在按钮上绑定监听类对象
buttonSubmit.addActionListener(btnlistener);

gbc.gridx=4;
gbc.gridy=42;
gl.setConstraints(labelMessage,gbc);
content.add(labelMessage);

this.setSize(600,500);
this.setVisible(true);
}

//按钮监听类
class SubmitListener implements ActionListener{
    //事件处理方法
    public void actionPerformed(ActionEvent evt){
        //获取事件源对象
        Object obj=evt.getSource();
        JButton source= (JButton)obj;
        //判断事件源是否是按钮
```

```java
if(source.equals(buttonSubmit)){
    //判断文本框是否为空
    if(textProductNo.getText().length()==0){
        labelMessage.setText("产品编号不能为空");
        return;
    }
    if(textProductName.getText().length()==0){
        labelMessage.setText("产品名称不能为空");
        return;
    }
    if(textProductType.getText().length()==0){
        labelMessage.setText("产品类型不能为空");
        return;
    }
    if(textProductArea.getText().length()==0){
        labelMessage.setText("产品产地不能为空");
        return;
    }
    if(textSupplierCompany.getText().length()==0){
        labelMessage.setText("产品供应商不能为空");
        return;
    }
    if(textProductDescript.getText().length()==0){
        labelMessage.setText("产品描述不能为空");
        return;
    }

    if(textMinNumber.getText().length()==0){
        labelMessage.setText("产品安全库存量不能为空");
        return;
    }

    if(textProductNumber.getText().length()==0){
        labelMessage.setText("产品数量不能为空");
        return;
    }

    //将数量、安全库存转换为整型
    Integer minNum=Integer.valueOf(textMinNumber.getText());
    Integer number=Integer.valueOf(textProductNumber.getText());
    if(minNum<0){
        labelMessage.setText("产品安全库存时不能小于零");
        return;
    }
    if(number<0||number<minNum){
        labelMessage.setText("产品数量不能小于零,或是小于安全库存");
        return;
    }
    //将价格转换为双精度类型
    Double price=Double.parseDouble(textProductPrice.getText());
    if(price<0.0){
```

```
                    labelMessage.setText("产品价格不能小于零");
                    return;
                }

                pstr=textProductNo.getText()+" "+textProductName.getText()+" "+
                cstr+textProductType.getText()+" "+textProductNumber.getText()+" "
                +textProductNumber.getText()+" "+textProductArea.getText()+" "+
                textProductPrice.getText()+" "+textSupplierCompany.getText()+" "+
                textProductDescript.getText()+" "+textProductDescript.getText();
                //显示所输入产品信息
                labelMessage.setText(pstr);
            }
        }
    }

    //组合框选项监听类
    class ComboListener implements ItemListener{
        public void itemStateChanged(ItemEvent evt){
            //获取选项值
            if(comboProductClass.getSelectedItem().equals("计算机")){
                cstr="计算机";
            }else if(comboProductClass.getSelectedItem().equals("硬盘")){
                cstr="硬盘";
            }else if(comboProductClass.getSelectedItem().equals("USB")){
                cstr="USB";
            }else if(comboProductClass.getSelectedItem().equals("MP3")){
                cstr="MP3";
            }else if(comboProductClass.getSelectedItem().equals("数码相机")){
                cstr="数码相机";
            }
        }
    }
    //实现键盘事件监听类

    class KeyEventListener implements KeyListener{

        public void keyPressed(KeyEvent e){
        }

        public void keyReleased(KeyEvent e){
        }
        //当输入非数字时,显示出错信息

        public void keyTyped(KeyEvent e){
            labelMessage.setText("");
            JTextField txtField=(JTextField)e.getSource();
            //当事件源为产品数量、安全库存量、价格文本框时
            if(txtField.equals(textProductNumber)||txtField.equals(textMinNumber)||
            txtField.equals(textProductPrice)){
                //输入值在 0~9 之外则报错
                if(e.getKeyChar()<'0'||e.getKeyChar()>'9'){
```

```
                labelMessage.setText("必须为数字");
                return;
            }
        }
    }
}

public static void main(String[]args){
    ProductThrow_1 obj=new ProductThrow_1();
}
}
```

当录入产品信息时,在产品价格文本框不输入任何信息,单击"提交"按钮,程序运行结果如图 5-1 所示。

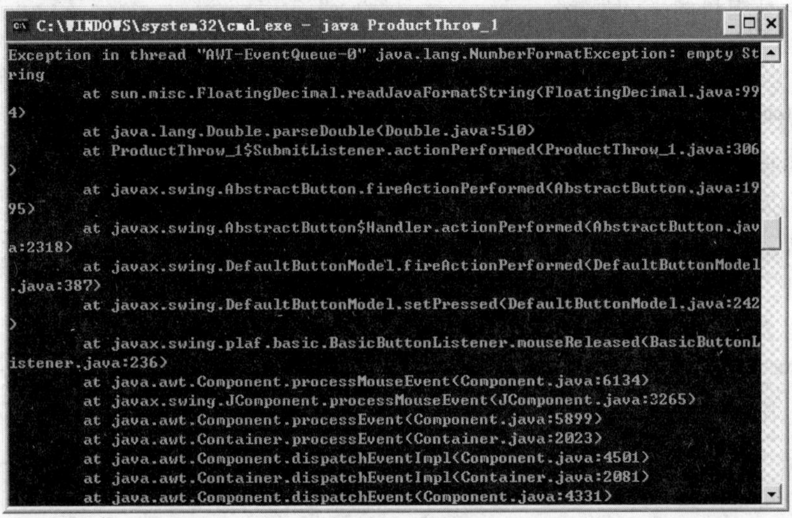

图 5-1　运行结果

2. 任务分析

调试程序过程中,可能出现的错误情况有两种:编译时出错和运行时出错。第一种情况是在程序编译时,编译器会发现如语法或拼写等错误,并给出相应提示,比较容易修改。而第二种情况,也就是前面所讲的异常,原因比较复杂,较难处理。这需要仔细阅读出错信息,根据出现的错误类型,修改程序代码。

对于可能出现错误的代码段,可采用 Java 提供的异常处理机制,即 try-catch-finally 语句,捕获异常并加以处理。

解决 5.1 节中问题的步骤如下:

① 认识程序运行的错误类型及位置。

② 理解捕获和处理异常的机制。

③ 确定需要捕获异常的代码段和显示的错误信息。

④ 编写代码。

5.1.2 知识学习

1. 异常

异常是指发生在正常情况以外的事情,如用户输入错误、除数为零、需要的文件不存在、文件打不开、数组下标越界、内存不足等。程序在运行过程中发生这样或那样的错误及异常是不可避免的。然而,一个好的应用程序,除了应具备用户要求的功能外,还应具备能预见程序执行过程中可能产生的各种异常的能力,并把处理异常的功能包括在程序中。也就是说,在设计程序时,要充分考虑到各种意外情况,不仅要保证应用程序的正确性,而且还应该具有较强的容错能力。这种对异常情况给予恰当处理的技术就是异常处理。

2. 异常处理机制

无论是程序本身或用户原因出现的问题,都属于程序中的异常,异常表示例外的事件。下面列出几种程序执行过程中可能出现的例外情况:

- 非法运算错误。
- 运行内存不足。
- 资源耗尽错误。
- 文件不存在错误。
- 网络无法连接。

如果出现异常现象时,程序应能至少做到:

- 通知用户错误产生。
- 保存相关数据。
- 用户可退出程序。

用任何一种程序设计语言设计的程序在运行时都可能出现各种意想不到的事件或异常的情况,计算机系统对于异常的处理通常有两种方法。

- 计算机系统本身直接检测程序中的错误,遇到错误时终止程序运行。
- 由程序员在程序设计中加入处理异常的功能。它又可以进一步区分为没有异常处理机制的程序设计语言中的异常处理和有异常处理机制的程序设计语言中的异常处理两种。

在没有异常处理机制的程序设计语言中进行异常处理,通常是在程序设计中使用像if-else 或switch-case 语句来预设人们所能设想到的错误情况,以捕获程序中可能发生的错误。在使用这种异常处理方式的程序中,对异常的监视、报告和处理的代码与程序中完成正常功能的代码交织在一起,即在完成正常功能的程序的许多地方插入了与处理异常有关的程序块。这种总处理方式虽然在异常的发生点就可以看到程序如何处理异常,但它干扰了人们对程序正常功能的理解,使程序的可读性和可维护性下降,并且会由于人的思维限制,而常常遗漏一些意想不到的异常。

Java 的特色之一是异常处理机制(Exception Handling)。对于异常,Java 使用一种错误捕获方法进行处理,称为异常处理。与传统方式(用某个变量值来描述程序中出现一个或多个错误)不同,Java 采用面向对象的方法处理异常。可以使用异常类的分层结构来管理运行错误。异常为程序员提供了通知错误的机制。通过异常处理机制,可以预防错误的程序代码或系统错误所造成的不可预期的结果发生,并且当这些不可预期的结果发生时,异常处理机制会尝试恢复异常发生前的状态或对这些错误结果做一些善后处理。通过异常处理机制,减少了编程人员的工作量,增加了程序的灵活性,增强了程序的可读性和可靠性。

在 Java 中预定义了很多异常类,每个异常类都代表了相应的错误,当产生异常时,如果存在一个异常类与此异常相对应,系统将自动生成一个异常类对象。

异常类的基类 Throwable 派生出两个直接子类:Error 和 Exception。Error 类及其所有子类用来表示严重的运行错误,它定义了通常无法捕捉到的异常,用于 Java 程序运行时出现了灾难性的失败,例如系统的内部错误或资源耗尽错误。如果出现这类错误,程序员只能通知用户并试图中止程序,不过这种情况较少发生。Exception 类及其子类定义了程序可以捕捉到的异常,它是读者要重点关注的,在编程中要处理的异常主要是这一类。

Exception 类的所有子类又可以分成两种类型:RunTimeException 异常和其他异常。RunTimeException 异常表示异常产生的原因是程序中存在的错误引起的。如数组下标越界、空对象引用,只要程序中不存在错误,这类异常就不会产生。其他的异常不是由于程序错误引起的,而是由于运行环境的异常、系统的不稳定等原因引起的。这一类异常应该主动地去处理。

当程序运行过程中发生异常时,可以有两种方式处理,第一种方式就是将异常交由 Java 异常处理机制的预设处理方法来处理,但无法得知程序发生何种异常,也就无法针对异常进行相应的处理。第二种方式是程序员自行处理,即采用 Java 提供的 try-catch-finally 语句对于可能出现的异常作有的放矢的预先处理。

5.1.3　任务实施

第一步:认识程序运行的错误类型及位置

前面已了解到,Exception 类定义了程序可捕捉的异常。Exception 类派生了两个子类:RuntimeException 和 IOException。RuntimeException 类的异常一般是编程原因,如:

- 一个错误的类型转换(NumberFormatException)。
- 一个数组越界访问(ArrayIndexOutOfBoundsException)。
- 一个空指针访问(NullPointerException)。
- 一个除以零的算术操作异常(ArithmeticException)。

IOException 类的异常原因主要是一些意外情况的出现,如:

- 试图读文件结尾后的数据(EOFException)。
- 试图打开一个错误的 URL(UnknownHostException)。
- 试图根据一个根本不存在的类的字符串来找一个 Class 对象(ClassNotFound-Exception)。

NullPointerException 异常发生的原因,通常是由于应用程序企图在某个需要的对象上使用 null 值。如:

- 使用未分配内存的对象。

- 调用未分配内存对象的方法。
- 访问或修改未分配内存对象的属性。
- 使用长度为 null 的数组。

> **注意** 尚未分配内存的对象保持 null 值。

如图 5-1 显示的错误信息中，可以看到错误类型为 NumberFormatException(数据类型转换异常)。

第二步：理解捕获和处理异常的机制

当方法中出现意外错误时，Java 创建 Exception(异常)类型的对象。创建 Exception 对象后，Java 把它传给程序，由一个称为 throwing an exception(引发异常)的操作完成。Exception 对象中包含当异常发生时的错误类型信息及程序状态。还需要用异常处理程序完成对异常的处理。图 5-2 描述了异常处理的过程。

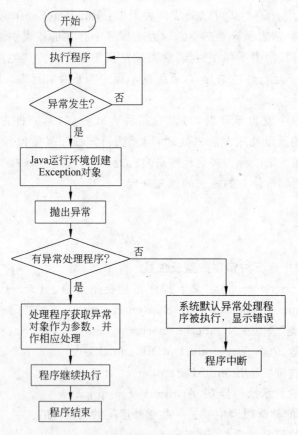

图 5-2　异常处理的过程

在程序中可以用下列关键字实现异常处理：try、catch、finally。

1. try 和 catch

如果 Java 方法遇到了不能处理的情况，那么它可以抛出一个异常。因此，将可能抛出异常的代码放入 try 语句中，然后用 catch 语句捕捉该异常。

语法：

```
try
{
    //引起异常的语句
}
catch(...)
{
    //出错处理程序
}
```

下面是一个出现异常的代码段：

```
public void ArithTest(int num1,int num2)
{
    int ArithResult;
    ArithResult=num1/num2;
    System.out.println("Arith Result:"+ArithResult);
}
```

在上述代码里，若方法的参数 num2 的值等于零时，将引发算术异常 java. lang. ArithmeticException。程序出错信息是：Exception in thread"main"java. lang. ArithmeticException：/by zero at＜classname＞. ArithTest(＜filename＞. java：＜line＞) at＜classname＞. main(＜filename＞. java：＜line＞)。

这个错误出现的原因，是由于 ArithTest()方法中试图执行除以零的操作，导致运行错误。从图 5-2 的异常处理过程可知，该异常出现后，算术异常对象被创建，引起程序中止并处理异常。因程序中没有异常处理程序，默认的异常处理程序被激活。默认的异常处理程序执行，并显示上述出错消息，中止程序的运行。

如果不希望终止程序，可以利用 Java 提供的异常处理机制。Java 的异常处理是以结构化的方法处理异常情况。当异常发生时，Java 将在导致异常的方法里搜索异常处理(try-catch 块)代码段，如果在当前方法里没有找到处理程序，则在调用方法(调用当前方法的方法)中寻找处理程序，直到系统找到适当的异常处理(某个 catch 语句捕获的异常类型与引发的异常类型一致)为止。

try 语句中包含可能出现异常的代码段，catch 语句中包含相关的异常处理程序。每个 try 语句必须随后紧跟至少一个 catch 语句。通过一个或多个 catch 语句，可以使异常处理程序对于 try 语句出现的不同类型的错误进行处理。

对于上述代码进行异常处理：

```
public void ArithTest(int num1,int num2)
{
int result;
    try
    {
        result=num2/num1;
    }
    catch(ArithmeticException e)
    {
```

```
    System.out.println("除数为零");
    }
    System.out.println("Result:"+result);
    }
```

RuntimeException 类的 NullPointerException 异常也是编程中常常碰到的错误,但它不像算术异常那么容易找到原因,尤其对于初学者。

举一个简单的例子。这个程序实现了对象数组的赋值。

【例 5-1】 NullPointerException 异常处理。

```
//NullPointerTest.java
class Student
{
    String studName;
    int studAge;
    String studClass;
}
public class NullPointerTest
{
    Student studObj[];
    public NullPointerTest()
    {
        studObj=new Student[2];
        studObj[0].studName="LingMing";
        studObj[0].studAge=19;
        studObj[0].studClass="soft011";
        studObj[1].studName="WangQing";
        studObj[1].studAge=18;
        studObj[1].studClass="soft012";
    }
    public void dispStudent()
    {
        for(int i=0;i<2;i++)
        {
            System.out.println(studObj[i].studName);
            System.out.println(studObj[i].studAge);
            System.out.println(studObj[i].studClass);
        }
    }
    public static void main(String args[])
    {
        NullPointerTest stud=new NullPointerTest();
        stud.dispStudent();
    }
}
```

例 5-1 运行结果如图 5-3 所示。

从图 5-3 所显示的异常信息中,可以看出程序中的黑体字代码行出现了空指针访问异常,这是因为 studObj 对象数组未曾分配内存。因此,try 语句块应包含对象数组的实例化代码段;另外,在 main()方法也需要 try 语句块。修改后的代码如下:

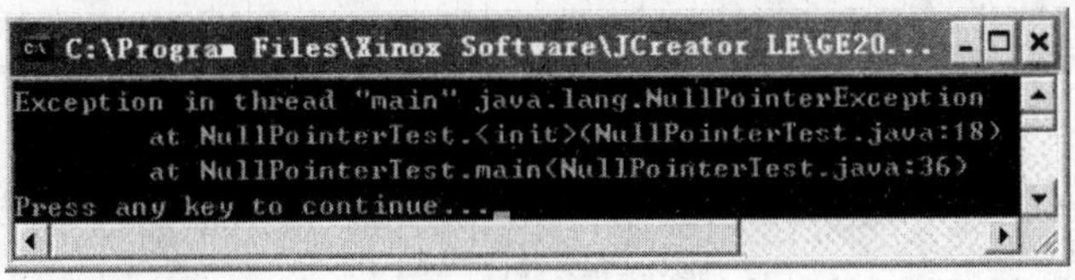

图 5-3　例 5-1 运行结果

```
...
studObj=new Student[2];
try
{

    for(int i=0;i<2;i++)
    studObj[i]=new Student();
    studObj[0].studName="LingMing";
    studObj[0].studAge=19;
    studObj[0].studClass="soft011";
    studObj[1].studName="WangQing";
    studObj[1].studAge=18;
    studObj[1].studClass="soft012";
}
catch(NullPointerException e)
{

    System.out.println("memory not allocated to object...");
}
...
NullPointerTest stud=new NullPointerTest();
try
{
    stud.dispStudent();
}
catch(NullPointerException e)
{

    System.out.println("memory not allocated to object...");
}
...
```

下面再来看一个使用多个 catch 的例子。这个程序实现了算术和数组越界的异常处理。

【例 5-2】 算术和数组越界异常处理。

```
public class ArithTest{

    public static void main(String args[])
    {
        int ArithResult1=0,ArithResult2=0,num1,num2;
        int arr[]={1,2,3};
        num1=0;
        num2=10;
        try
        {
```

```
        ArithResult1=num2/num1;
        ArithResult2=num2+arr[4];
    }
    catch(ArithmeticException e)
    {
        System.out.println("除数为零");
    }
    catch(ArrayIndexOutOfBoundsException e)
    {
        System.out.println("数组越界");
    }
    catch(Exception e)
    {
        System.out.println("其他错误");
    }
    System.out.println("运算结果:"+ArithResult1);
    System.out.println("运算结果:"+ArithResult2);
    }
}
```

在上述代码中,有三个 catch 语句,分别处理算术、数据越界和其他异常。其中 Exception 类是所有可捕捉的错误的基类,可处理所有异常,也就是说,若将捕捉 Exception 类写在前面,则其他的 catch 语句将永远不会被执行,因此,特殊异常的 catch 语句应写在前面。

> **说明**　上例中的第二、三个 catch 语句未被执行,这是因为程序在执行到除法运算时,被第一个 catch 语句捕捉到 ArithmeticException 类异常,程序中断,转去执行该 catch 语句中的语句。

2. finally

当异常发生时,程序将从抛出异常的语句处跳出,转去执行与之相匹配的 catch 语句,try 块中的有些语句将被忽略。若无法找到相匹配的 catch 语句时,程序可能过早返回,这也许不是程序员所希望的。某些情况下,不管异常是否发生,都需要处理某些语句,例如,打开文件,无论读的过程中出现什么问题,最后都要将文件关闭。可以利用 finally 语句来实现。

finally 语句的形式:

```
finally
{
    //需要处理的语句
}
```

例如,

```
public void FinallyTest(int num1,int num2)
{
    try
```

```
    {
        num1=num1/num2;                          //引起算术异常
    }
    catch(ArithmeticException e)
    {
        System.out.println("捕捉到:"+e.getMessage());        //处理异常
    }
    finally
    {
        System.out.println("执行 finally");
    }
}
```

当 num2 为 0 时,上述代码中的 try 语句将捕捉到算术异常,然后执行 catch 语句。而 finally 语句无论程序是否出现算术异常,都会被执行。一个 try 语句至少有一个 catch 语句或 finally 语句与之匹配,但匹配的 catch 语句可以有多个,而 finally 语句只能有一个,并且 finally 语句并非必须有的。

下面给出 Java 异常处理中 try-catch-finally 的各种组合用法。

(1) try+catch

程序的流程是:运行到 try 块中,如果有异常抛出,则转到 catch 块去处理,然后执行 catch 块后面的语句。

(2) try+catch+finally

程序的流程是:运行到 try 块中,如果有异常抛出,则转到 catch 块,catch 块执行完毕后,执行 finally 块的代码,再执行 finally 块后面的代码。如果没有异常抛出,执行完 try 块,也要去执行 finally 块的代码。然后执行 finally 块后面的语句。

(3) try+finally

程序的流程是:运行到 try 块中,如果有异常抛出,程序转向执行 finally 块的代码。那么 finally 块后面的代码还会被执行吗? 不会! 因为你没有处理异常,所以遇到异常后,执行完 finally,方法就已抛出异常的方式退出了。这种方式中需要注意的是,由于你没有捕获异常,所以要在方法后面声明抛出异常。

对于 5.1 节中的案例,可使用 try 语句和一个 catch 语句处理程序出现的异常。

第三步:确定需要捕获异常的代码段和显示的错误信息

当用户录入产品资料时,没有录入产品价格信息就单击"提交"按钮,程序运行过程中试图将空字符串转换成数字类型时产生异常。actionPerformed()方法中字符串转为数字类型的代码段,应包括在 try 语句中,用一个 catch 语句处理出现的类型转换异常。

显示的错误信息:"数据格式转换异常,企图将空字符串转为数字类型"。

第四步:编写代码

修改 5.1.1 小节描述中的代码,编写异常处理的代码。由于产品价格字段必须是非空数字数据,才能将其转换成数字类型,因此需要加入异常处理代码。

5.1.1 小节中案例代码的修改部分:

```
//按钮监听类
class SubmitListener implements ActionListener{
```

//事件处理方法

```java
public void actionPerformed(ActionEvent evt){
    //获取事件源对象
    Object obj=evt.getSource();
    JButton source= (JButton)obj;
    //判断事件源是否是按钮
    if(source.equals(buttonSubmit)){
        //判断文本框是否为空
        if(textProductNo.getText().length()==0){
            labelMessage.setText("产品编号不能为空");
            return;
        }
        if(textProductName.getText().length()==0){
            labelMessage.setText("产品名称不能为空");
            return;
        }
        if(textProductType.getText().length()==0){
            labelMessage.setText("产品类型不能为空");
            return;
        }
        if(textProductArea.getText().length()==0){
            labelMessage.setText("产品产地不能为空");
            return;
        }
        if(textSupplierCompany.getText().length()==0){
            labelMessage.setText("产品供应商不能为空");
            return;
        }
        if(textProductDescript.getText().length()==0){
            labelMessage.setText("产品描述不能为空");
            return;
        }

        if(textMinNumber.getText().length()==0){
            labelMessage.setText("产品安全库存量不能为空");
            return;
        }

        if(textProductNumber.getText().length()==0){
            labelMessage.setText("产品数量不能为空");
            return;
        }

        try{

            //将数量、安全库存转换为整型
            Integer minNum= Integer.valueOf(textMinNumber.getText());
            Integer number= Integer.valueOf(textProductNumber.getText());
            if(minNum< 0){
                labelMessage.setText("产品安全库存时不能小于零");
```

```
                        return;
                    }
                    if(number< 0||number<minNum){
                        labelMessage.setText("产品数量不能小于零,或是小于安全库存");
                        return;
                    }
                    //将价格转换为双精度类型
                    Double price=Double.parseDouble(textProductPrice.getText());
                    if(price< 0.0){
                        labelMessage.setText("产品价格不能小于零");
                        return;
                    }
                }catch(NumberFormatException e){
                    System.out.println("数据格式转换异常,企图将空字符串转为数字类型");
                }

                 pstr= textProductNo.getText()+" "+ textProductName.getText()+" "+cstr+
                textProductType.getText()+" "+ textProductNumber.getText()+" "+
                textProductNumber.getText()+" "+ textProductArea.getText()+" "+
                textProductPrice.getText()+" "+ textSupplierCompany.getText()+" "+
                textProductDescript.getText()+" "+textProductDescript.getText();
                //显示所输入产品信息
                labelMessage.setText(pstr);

            }
        }
}
```

第五步：运行程序检查是否能捕获异常

录入一个产品资料,当产品价格为空时,则显示"数据格式转换异常,企图将空字符串转为数字类型"。

练习1：预测代码输出结果并处理异常

预测下面程序段输出结果,若出现异常,判断异常类型并编写异常处理代码。

```
import java.awt.* ;
import java.awt.event.* ;
import java.util.* ;
import javax.swing.* ;
public class TestException extends JFrame
{
    JButton buttonAccept;
    Choice choice;
    JPanel panel;
    JLabel labelNum;
    public TestException()
    {
        panel=new JPanel();
        getContentPane().add(panel);
        getContentPane().setLayout(new FlowLayout(FlowLayout.CENTER,0,0));
        Choice choice=new Choice();
```

```
        choice.addItem("first");
        choice.addItem("second");
        choice.addItem("third");
        labelNum=new JLabel("Number");
        buttonAccept=new JButton("Accept");
        panel.add(labelNum);
        panel.add(choice);
        choiceListener itemListener=new choiceListener();
        choice.addItemListener(itemListener);
        panel.add(buttonAccept);
    }
    class choiceListener implements ItemListener
    {
        public void itemStateChanged(ItemEvent event)
        {
            if(choice.getSelectedItem()=="first")
                buttonAccept.setText("first");
            else if(choice.getSelectedItem()=="second")
                buttonAccept.setText("second");
            else if(choice.getSelectedItem()=="third")
                buttonAccept.setText("third");
        }
    }
    public static void main(String args[])
    {
        TestException exp=new TestException();
        exp.setSize(300,250);
        exp.show();
    }
}
```

5.2 任务：限定录入产品信息的库存数范围

5.2.1 任务描述及分析

1. 任务描述

仓储管理系统中，产品资料录入要求产品安全库存量范围在 10～100 之间。

2. 任务分析

仓储管理系统中，对于某些数据有特殊的要求，如产品种类是从几个给定值中选一个，产品安全库存量对于不同类型的产品有不同的限制，这里把问题简化一下，该公司所有产品的安全库存量范围在 10～100 之间。

上述问题中的约束，是在 Java 的异常类之外的异常，需要创建自定义异常类。因此，需要熟悉自定义异常类的创建方法，同时还要理解程序如何应用自定义异常类处理特殊的约束。解决本节中问题实现特殊约束处理的步骤如下：

- 确定应用中特殊的约束。
- 理解自定义异常类的创建及应用。
- 编写代码。

5.2.2 知识学习

下面介绍如何自定义异常。

在开发应用程序中,常常会有一些特殊的约束要求。例如,用户登录在线银行,必须输入正确的注册名和密码;大型超市中,只有会员才能享受商品的会员价优惠;航空售票系统,12 岁以上的乘客必须购买全票;电信公司的计费系统中,用户只有在指定时间段才能享受打折话费服务……

Java 的异常类不能满足程序员对类似上述特殊情况的约束,但 Java 允许用户根据需要创建自定义异常类,处理程序应用需要的约束,保证程序中数据的完整性。

创建或抛出自定义异常,需要用到关键字 throw 和 throws。

下面来看一个简单的用户抛出异常的例子。

【例 5-3】 用户抛出异常。

```java
public class ThrowExceptionTest{
    public static void main(String args[])
    {
        try
        {
            throw new Exception();                  //创建异常类的对象,抛出异常
        }
        catch(Exception e)
        {
            System.out.println("catch exception");
            System.out.println("exception message:");
            e.printStackTrace();                    //显示异常信息
        }
        finally
        {
            System.out.println("finished");
        }
    }
}
```

例 5-3 运行结果如图 5-4 所示。

图 5-4 例 5-3 运行结果

> **说明** throw 后必须是异常类对象，而且在 throw 语句后不可跟任何其他语句，否则会出现"unreached statement"编译错误。

5.2.3 任务实施

第一步：确定应用中特殊的约束

在输入产品信息时，要求产品安全库存量在 10～100 之间。

第二步：自定义异常类的创建和应用

用户通过扩展 Exception 类，可以创建自己的异常类。该扩展类像任何其他类一样包含其构造函数、成员数据和方法。由前面的内容可知，当实现自定义异常时，要使用 throw 和 throws 关键字。下面举例说明如何创建自定义异常类。

【例 5-4】 自定义异常类。

```java
//创建自定义异常类
class IllegalValueException extends Exception
{
    int num1,num2;
    public IllegalValueException(){}
    public IllegalValueException(int x,int y)
    {
        num1=x;
        num2=y;
    }
    public void result()throws IllegalValueException
    {
        if(num2<=0)
        {
            throw new IllegalValueException();              //抛出非法值异常
        }
        else
        {
            num1=num1/num2;
            System.out.println("运算结果:"+num1);
        }
    }
}
//应用自定义异常类
public class MyExceptionTest
{
    public static void main(String args[])
    {
        IllegalValueException NumberTest=new IllegalValueException(2,0);
        try
        {
            NumberTest.result();
        }
```

```
    catch(IllegalValueException e)
    {
        System.out.println("main 中捕捉到非法值异常");
    }
    }
}
```

上述代码的执行过程如下。

(1) 执行 main()方法,创建一个自定义异常类 IllegalValueException 的对象 NumberTest。

(2) 调用 IllegalValueException 类的构造函数。

(3) 将 num1、num2 分别赋值为−2 和 1。

(4) 执行 try 语句块,调用 IllegalValueException 类的方法 result()。

(5) 由于 num2 的值满足小于或等于 0 的条件,因此,result()方法的执行引发了 IllegalValueException 类异常。

(6) 执行 catch 语句,显示"main 中捕捉到非法值异常"信息。

在 5.2 节案例中可创建一个 IllegalAgeException 异常类,捕获输入非法安全库存量异常。

第三步:编写代码

修改 5.1 节中的代码,加入自定义异常类的定义,捕获非法安全库存量异常。

```
import javax.swing. * ;
import java.awt. * ;
import java.awt.event. * ;
/ *
 * 产品信息处理(加入捕捉异常、自定义异常)
 * /
public class ProductThrow_3 extends JFrame{
    JFrame frame;
    //声明容器类变量
    Container content;
    JLabel labelProductNo;
    JLabel labelProductName;
    JLabel labelProductClass;
    JLabel labelProductType;
    JLabel labelProductNumber;
    JLabel labelMinNumber;
    JLabel labelProductPrice;
    JLabel labelProductArea;
    JLabel labelSupplierCompany;
    JLabel labelProductDescript;
    JLabel labelLOGO;
    JLabel labelTitle;
    JLabel labelSpace;
    JLabel labelMessage;
    JTextField textProductNo;
    JTextField textProductName;
    //JTextField textProductClass;
    JComboBox comboProductClass;
    JTextField textProductType;
```

```
JTextField textProductNumber;
JTextField textMinNumber;
JTextField textProductPrice;
JTextField textProductArea;
JTextField textSupplierCompany;
JTextField textProductDescript;
JButton buttonSubmit;
String cstr="计算机";
String pstr=null;
//声明布局类变量
GridBagLayout gl;
GridBagConstraints gbc;
public ProductThrow_3(){
    super("产品信息录入");
    //实例化布局类对象
    gl=new GridBagLayout();
    gbc=new GridBagConstraints();
    content=this.getContentPane();
    //设置布局
    content.setLayout(gl);
    //实例化标签对象
    labelProductNo=new JLabel("产品编号");
    labelProductName=new JLabel("产品名称");
    labelProductClass=new JLabel("产品类别");
    labelProductType=new JLabel("产品型号");
    labelProductNumber=new JLabel("数量");
    labelMinNumber=new JLabel("安全库存");
    labelProductPrice=new JLabel("产品价格");
    labelProductArea=new JLabel("生产地区");
    labelSupplierCompany=new JLabel("供应商");
    labelProductDescript=new JLabel("产品描述");
    //LOGO
    labelLOGO=new JLabel(new ImageIcon("images/4.gif"));
    //标题设置字体、颜色
    labelTitle=new JLabel("安达仓库管理系统");
    labelTitle.setFont(new Font("Serif",Font.BOLD+Font.ITALIC,18));
    labelTitle.setForeground(Color.BLUE);
    labelSpace=new JLabel("   ");
    labelMessage=new JLabel();

    //实例化文本框对象
    textProductNo=new JTextField(5);
    textProductName=new JTextField(10);
    //textProductClass=new JTextField(10);
    //产品类别组合框
    comboProductClass=new JComboBox();
    comboProductClass.addItem("计算机");
    comboProductClass.addItem("MP3");
    comboProductClass.addItem("硬盘");
    comboProductClass.addItem("USB");
    comboProductClass.addItem("数码相机");
```

```
textProductType=new JTextField(10);
textProductNumber=new JTextField(10);
textMinNumber=new JTextField(10);
textProductPrice=new JTextField(10);
textProductArea=new JTextField(20);
textSupplierCompany=new JTextField(20);
textProductDescript=new JTextField(40);

//实例化按钮对象
buttonSubmit=new JButton("提交");

//设置组件的位置
gbc.anchor=GridBagConstraints.NORTHWEST;
gbc.gridx=1;
gbc.gridy=2;
gl.setConstraints(labelLOGO,gbc);
content.add(labelLOGO);

//设置组件的位置
gbc.anchor=GridBagConstraints.NORTHWEST;
gbc.gridx=4;
gbc.gridy=2;
gl.setConstraints(labelTitle,gbc);
content.add(labelTitle);

//设置组件的位置
gbc.anchor=GridBagConstraints.NORTHWEST;
gbc.gridx=1;
gbc.gridy=3;
gl.setConstraints(labelSpace,gbc);
content.add(labelSpace);

//设置组件的位置
gbc.anchor=GridBagConstraints.NORTHWEST;
gbc.gridx=1;
gbc.gridy=5;
gl.setConstraints(labelProductNo,gbc);
content.add(labelProductNo);

gbc.gridx=4;
gbc.gridy=5;
gl.setConstraints(textProductNo,gbc);
content.add(textProductNo);

gbc.gridx=1;
gbc.gridy=8;
gl.setConstraints(labelProductName,gbc);
content.add(labelProductName);

gbc.gridx=4;
gbc.gridy=8;
```

```
        gl.setConstraints(textProductName,gbc);
        content.add(textProductName);

        gbc.gridx=1;
        gbc.gridy=11;
        gl.setConstraints(labelProductClass,gbc);
        content.add(labelProductClass);

        gbc.gridx=4;
        gbc.gridy=11;
        gl.setConstraints(comboProductClass,gbc);
        content.add(comboProductClass);
        //创建组合框监听对象
        ComboListener cmblistener=new ComboListener();
        //绑定监听器
        comboProductClass.addItemListener(cmblistener);

        gbc.gridx=1;
        gbc.gridy=14;
        gl.setConstraints(labelProductType,gbc);
        content.add(labelProductType);

        gbc.gridx=4;
        gbc.gridy=14;
        gl.setConstraints(textProductType,gbc);
        content.add(textProductType);

        gbc.gridx=1;
        gbc.gridy=17;
        gl.setConstraints(labelProductNumber,gbc);
        content.add(labelProductNumber);

        gbc.gridx=4;
        gbc.gridy=17;
        gl.setConstraints(textProductNumber,gbc);
        content.add(textProductNumber);
        //绑定键盘监听器对象
        textProductNumber.addKeyListener(new KeyEventListener());

        gbc.gridx=1;
        gbc.gridy=20;
        gl.setConstraints(labelMinNumber,gbc);
        content.add(labelMinNumber);

        gbc.gridx=4;
        gbc.gridy=20;
        gl.setConstraints(textMinNumber,gbc);
        content.add(textMinNumber);
        //绑定键盘监听器对象
        textMinNumber.addKeyListener(new KeyEventListener());
```

```
gbc.gridx=1;
gbc.gridy=23;
gl.setConstraints(labelProductArea,gbc);
content.add(labelProductArea);

gbc.gridx=4;
gbc.gridy=23;
gl.setConstraints(textProductArea,gbc);
content.add(textProductArea);

gbc.gridx=1;
gbc.gridy=26;
gl.setConstraints(labelSupplierCompany,gbc);
content.add(labelSupplierCompany);

gbc.gridx=4;
gbc.gridy=26;
gl.setConstraints(textSupplierCompany,gbc);
content.add(textSupplierCompany);

gbc.gridx=1;
gbc.gridy=29;
gl.setConstraints(labelProductDescript,gbc);
content.add(labelProductDescript);

gbc.gridx=4;
gbc.gridy=29;
gl.setConstraints(textProductDescript,gbc);
content.add(textProductDescript);

gbc.gridx=1;
gbc.gridy=32;
gl.setConstraints(labelProductPrice,gbc);
content.add(labelProductPrice);

gbc.gridx=4;
gbc.gridy=32;
gl.setConstraints(textProductPrice,gbc);
content.add(textProductPrice);
//绑定键盘监听器对象
textProductPrice.addKeyListener(new KeyEventListener());

gbc.gridx=8;
gbc.gridy=38;
gl.setConstraints(buttonSubmit,gbc);
content.add(buttonSubmit);
//创建监听类
SubmitListener btnlistener=new SubmitListener();
//在按钮上绑定监听类对象
buttonSubmit.addActionListener(btnlistener);
```

```
        gbc.gridx=4;
        gbc.gridy=42;
        gl.setConstraints(labelMessage,gbc);
        content.add(labelMessage);

        this.setSize(600,500);
        this.setVisible(true);
    }

    //判断库存量合法与否
    public void productMinNumTest(int x)throws IllegalProductNumException{
        if(x<10||x>500)                                    //抛出非法值异常
        {
            throw new IllegalProductNumException();
        }
    }
}

//按钮监听类
class SubmitListener implements ActionListener{
    //事件处理方法
    public void actionPerformed(ActionEvent evt){
        //获取事件源对象
        Object obj=evt.getSource();
        JButton source= (JButton) obj;
        //判断事件源是否是按钮
        if(source.equals(buttonSubmit)){
            //判断文本框是否为空
            if(textProductNo.getText().length()==0){
                labelMessage.setText("产品编号不能为空");
                return;
            }
            if(textProductName.getText().length()==0){
                labelMessage.setText("产品名称不能为空");
                return;
            }
            if(textProductType.getText().length()==0){
                labelMessage.setText("产品类型不能为空");
                return;
            }
            if(textProductArea.getText().length()==0){
                labelMessage.setText("产品产地不能为空");
                return;
            }
            if(textSupplierCompany.getText().length()==0){
                labelMessage.setText("产品供应商不能为空");
                return;
            }
            if(textProductDescript.getText().length()==0){
                labelMessage.setText("产品描述不能为空");
                return;
            }
```

```java
if(textMinNumber.getText().length()==0){
    labelMessage.setText("产品安全库存量不能为空");
    return;
}

if(textProductNumber.getText().length()==0){
    labelMessage.setText("产品数量不能为空");
    return;
}
//数字类型异常处理
try{

    //将数量、安全库存转换为整型
    Integer minNum=Integer.valueOf(textMinNumber.getText());
    Integer number=Integer.valueOf(textProductNumber.getText());

    if(minNum<0){
        labelMessage.setText("产品安全库存时不能小于零");
        return;
    }

    if(number<0||number<minNum){
        labelMessage.setText("产品数量不能小于零,或是小于安全库存");
        return;
    }
    //库存量异常处理
    try{
        productMinNumTest(minNum);
    }catch(IllegalProductNumException ip){
        System.out.println(ip.message()+"\n");
    }
    //将价格转换为双精度类型
    Double price=Double.parseDouble(textProductPrice.getText());
    if(price<0.0){
        labelMessage.setText("产品价格不能小于零");
        return;
    }
}catch(NumberFormatException e){
    System.out.println("数据格式转换异常,企图将空字符串转为数字类型");
}


pstr=textProductNo.getText()+" "+textProductName.getText()+" "+cstr+
textProductType.getText()+" "+textProductNumber.getText()+" "+
textProductNumber.getText()+" "+textProductArea.getText()+" "+
textProductPrice.getText()+" "+textSupplierCompany.getText()+" "+
textProductDescript.getText()+" "+textProductDescript.getText();
//显示所输入产品信息
labelMessage.setText(pstr);


    }
}
```

```
        }

        //组合框选项监听类
        class ComboListener implements ItemListener{

            public void itemStateChanged(ItemEvent evt){
                //获取选项值
                if(comboProductClass.getSelectedItem().equals("计算机")){
                    cstr="计算机";
                }else if(comboProductClass.getSelectedItem().equals("硬盘")){
                    cstr="硬盘";
                }else if(comboProductClass.getSelectedItem().equals("USB")){
                    cstr="USB";
                }else if(comboProductClass.getSelectedItem().equals("MP3")){
                    cstr="MP3";
                }else if(comboProductClass.getSelectedItem().equals("数码相机")){
                    cstr="数码相机";
                }
            }
        }


        //实现键盘事件监听类
        class KeyEventListener implements KeyListener{

            public void keyPressed(KeyEvent e){
            }

            public void keyReleased(KeyEvent e){
            }
            //当键入非数字时,显示出错信息

            public void keyTyped(KeyEvent e){
                labelMessage.setText("");
                JTextField txtField= (JTextField)e.getSource();
                //当事件源为产品数量、安全库存量、价格文本框时
                if(txtField.equals(textProductNumber)||txtField.equals(textMinNumber)||
                txtField.equals(textProductPrice)){
                    //输入值在 0~9 之外则报错
                    if(e.getKeyChar()<'0'||e.getKeyChar()>'9'){
                        labelMessage.setText("必须为数字");
                        return;
                    }


                }

            }
        }


        public static void main(String[]args){
            ProductThrow_3 obj=new ProductThrow_3();
        }
```

```
    }

    //自定义异常类
    class IllegalProductNumException extends Exception{

        public String message(){
            return "非法产品安全库存数";
        }
    }
```

第四步：运行程序

输入产品信息,当输入的产品安全库存数为 6 或 1000 时,程序显示"非法产品安全库存数"。

练习 2：限定录入客户信息的 E-mail 地址格式

仓储管理系统中,当录入客户资料,单击"确认"按钮时,若输入的 E-mail 地址中不含"@"字符,则显示非法 E-mail 地址格式,用自定义异常来处理对 E-mail 地址格式的约束。

小　　结

(1) 无论是程序本身或用户原因出现的问题,属于程序中的异常,异常表示例外的事件。

(2) 对于异常,Java 使用一种错误捕获方法进行处理,称为异常处理。可以使用异常类的分层结构来管理运行错误。

(3) Exception 类派生了两个子类：RuntimeException 和 IOException。

RuntimeException 类的异常一般是编程原因,如：
- 一个错误的类型转换(NumberFormatException)。
- 一个数组越界访问(ArrayIndexOutOfBoundsException)。
- 一个空指针访问(NullPointerException)。
- 一个除以零的算术操作(ArithmeticException)。

IOException 类的异常原因主要是一些意外情况的出现,如：
- 试图读文件结尾后的数据(EOFException)。
- 试图打开一个错误的 URL(UnknownHostException)。
- 试图根据一个根本不存在的类的字符串来找一个 Class 对象(ClassNotFound-Exception)。

(4) 对异常的处理需要用异常处理程序来完成。在程序中可以用 try、catch、finally 关键字实现异常处理。try 语句中包含可能出现异常的代码段,catch 语句中包含相关的异常处理程序。每个 try 语句必须随后紧跟至少一个 catch 语句。通过一个或多个 ctach 语句,可以使异常处理程序对于 try 语句出现的不同类型的错误进行处理。

(5) Java 允许用户根据需要创建自定义异常类,处理程序应用需要的约束,保证程序中数据的完整性,利用 throw、throws 可实现。

本 章 练 习

1. 设计一个程序,当新用户注册输入的年龄大于 100 时,抛出非法年龄的异常。
2. 如果程序中有 try 块语句,当程序未产生异常时,try 执行完程序转向何处?
3. 下列代码的输出是什么?

```
import java.io.*;
import java.util.*;
import java.lang.*;
public class MyClass
{
    public static void main(String args[])
    {
        String str1="1234";
        String str2="abc";
        double num1=0,num2=0;
        try
        {
            num1=double.parseDouble(str1);
            System.out.println("数据类型转换成功:"+num1);
            num2=double.parseDouble(str2);
            System.out.println("数据类型转换成功:"+num2);
        }
        catch(Exception e)
        {
            System.out.println("数据不可转换"+e);
        }
    }
}
```

4. 如果程序中没有异常处理语句,若产生异常,程序可能会出现什么后果?
5. 以下代码引发异常,修改此代码以处理异常

```
import java.util.*;
public class dataTransform
{
public static void main(String args[])
{
    String str1="10";
    String str2="a";
    int i,j;
    i=Integer.parseInt(str1);
    System.out.println("str1 转换为:"+i);
    j=Integer.parseInt(str2);
    System.out.println("str2 转换为:"+j);
}
}
```

第6章　程序数据输入/输出

知识要点:

- Java 程序的文件和目录
- 随机访问文件类
- 使用流实现数据输入/输出
- 对象流的使用
- 数据库访问技术
- 强制类型转换
- 泛型类的定义和用法

引子:如何读取或写入数据

数码相机是许多人的最爱,它可以让人随心所欲地拍照片并送入计算机后,利用照片处理软件进行编辑、裁剪等处理,最后获得令人满意的相册。这里数码相机拍的照片就是照片处理软件的输入,而相册就是照片处理软件的输出。

通过前面几章的学习,读者已学会了编写航班录入信息的程序,可是录入的信息如何保存呢?编写程序的最终目的是获得用户希望的结果(输出),而程序处理需要必要的数据对象(输入)。输入源可以是键盘、鼠标、扫描仪等设备,也可以是文件;输出的目的地可以是显示器、打印机等设备,也可以是文件。

输入/输出是程序必不可少的操作。Java 提供了多种支持文件输入/输出操作的类,这一章中将利用这些类,通过案例实现不同方式的文件读/写操作,来了解 Java 中输入/输出操作的实现方法。

数据不仅可以保存在文件中,当数据量大的时候,更好的方式是将数据保存在数据库中,便于对数据的管理和操作,本章将通过案例介绍 JDBC 技术访问数据库的步骤,来了解 Java 中数据库操作的实现方法。

6.1　任务:保存录入产品信息到指定的文件

6.1.1　任务描述及分析

1. 任务描述

仓储管理系统中,为了方便管理产品信息,每当新增产品信息时,将保留产品资料到特定的文件中,并且根据录入的先后顺序存放。

2．任务分析

当用户录入产品信息时,是通过键盘将数据输入文本框,如果数据检验无误,将产品信息输入到一个文件中保存起来。

根据系统的需要,产品信息是按注册的先后顺序输入文件中,也就是说需要在指定位置输入数据。可以利用Java提供的RandomAccessFile类解决上述问题。

另外,Java中对于资源(如文件)的访问需要设置相关的读/写权限,即创建策略文件。

解决本节中问题的步骤如下:

- 确定要输入的数据。
- 理解 RandomAccessFile 类将数据输入文件的方法。
- 确定输入文件的文件名。
- 掌握创建策略文件的步骤。
- 确定需处理的异常及错误信息。
- 编写代码。
- 运行程序,将产品资料输入文件。

6.1.2 知识学习

1. File 和 RandomAccessFile 类

所有的程序设计语言都支持输入和输出操作。Java以流的形式处理所有的输入/输出操作。流是随通信路径从源移动到目的地的字节序列。若程序写入流,则该程序是流的源;若程序读取流,则程序就是流的目的地。最常用的基本流是:输入/输出流。只能从输入流读出,相反的,也只能写进输出流。

通常,编程中需要将数据处理结果保存到文件中,或是从文件中读取一些数据作为输入。Java 对 文 件 的 操 作 提 供 了 基 于 流 的 输 入/输 出 类,如 File、FileInputStream、FileOutputStream 和 RandomAccessFile。

在这里首先介绍 File 和 RandomAccessFile 两个类。java. io. File 类是 java. lang. object 的子类,能够访问文件和目录对象,描述了文件的路径、名称、大小及属性等特性,并提供许多操作文件和目录的方法。这里将目录也看作是一种文件,与普通的文件不同的是,目录可以存放文件或其他目录,而文件只能存放数据。表 6-1 列出了 File 类的构造函数。

表 6-1 File 类的构造函数

构 造 函 数	说　明
File(String pathname)	将指定路径转换为抽象路径,创建 File 类实例
File(String parent,String child)	根据父路径和子路径,创建 File 类实例
File(File parent,String child)	根据抽象父路径和子路径,创建 File 类实例

从表 6-1 可知,创建 File 类的对象时,需要指出文件或目录的路径,而路径又包括绝对路径和相对路径。例如,D:\java\userfile. java 是一个绝对路径,\windows\command. com

是一个相对路径。建议读者在程序中以使用绝对路径为主,只有在必要的情况下才使用相对路径。下面举出一些创建 File 类对象的例子。

```
File file1;
file1=new File("TestFile");           //Testfile 为路径名
file1=new File("\\","TestFile");    //'\'为父路径和 TestFile 为子路径。其中'\\'用于表示'\'
file1=new File(dir1,"TestFile");       //抽象父路径和子路径
```

File 类的方法可以删除、重命名文件和检查文件的读/写许可。File 类的目录方法允许创建、删除、重命名和说明路径。表 6-2 列出了 File 类的主要方法。

表 6-2　File 类的主要方法

方　　法	描　　述
boolean canRead()	测试文件是否可读取
boolean canWrite()	测试文件是否可写入
boolean createNewFile()	打开新文件
boolean delete()	删除文件
String getAbsolutePath()	获取文件的绝对路径
String getName()	获取文件名
boolean isAbsolute()	判断文件路径是否为绝对路径
boolean isDirectory()	判断是否为目录
boolean isFile()	判断是否为文件
long length()	获取文件的大小
boolean mkdir()	新增目录
String toString()	将文件的路径转换为字符串

下面的例子使用 File 类的方法实现遍历目录。

【例 6-1】　遍历目录的实例。

```
import java.io.*;
public class RecurFileDemo{
    public RecurFileDemo(){
        showAll("c:\\");
    }
    //循环显示所有目录和文件的方法
    public void showAll(String directory){
        //创建 C 盘的 File 类
        File file=new File(directory);
        if(file.isDirectory()){
            //取得 File 类的所有目录
            String[]list=file.list();
            for(int i=0;i<list.length;i++){
                System.out.println(directory+list[i]);
                File tempFile=new File(directory+list[i]);
                if(tempFile.isDirectory()){
                    //重新运行 showAll 方法
                    this.showAll(directory+list[i]+"\\");
```

```
            }
        }
    }
}

    public static void main(String[]args){
        new RecurFileDemo();
    }
}
```

例 6-1 运行结果如图 6-1 所示。

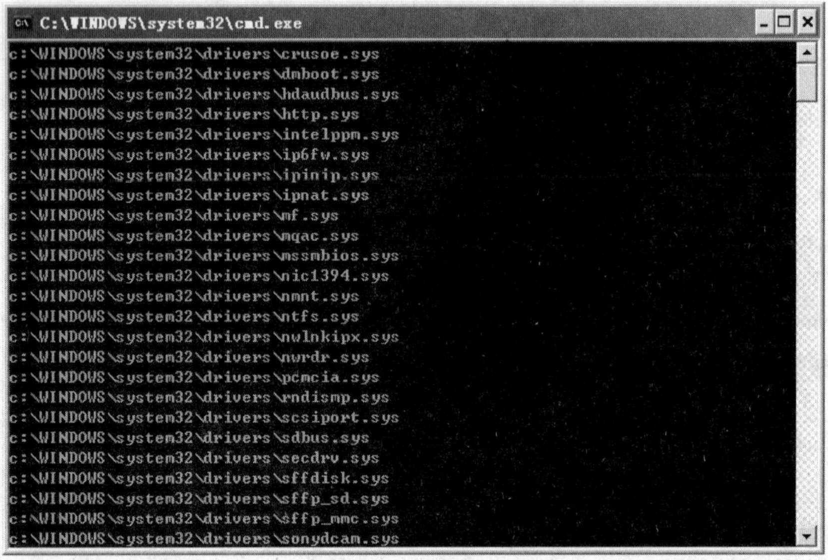

图 6-1　例 6-1 运行结果

　　java. io. RandomAccessFile 类(随机访问文件)也是 java. lang. object 的子类,它是 Java 所提供的另一个支持文件输入/输出操作的类,它可以在文件内的特定位置执行 I/O 操作。随机访问文件,意味着能在文件内的任意位置读/写数据。RandomAccessFile 类通过一个文件指针适当移动来实现对文件的任意存取,具有更大的灵活性。

　　RandomAccessFile 类的构造函数声明过程中,需要指定文件的路径以及文件的存取模式,存取模式有两种:只读模式,用 r 表示;读写模式,用 rw 表示。RandomAccessFile 类的构造函数声明方式如下:

```
RandomAccessFile(File file,String mode)
RandomAccessFile(String name,String mode)
```

其中 file 表示打开文件的路径,mode 表示文件的存取模式,name 表示文件名。

下面举例说明 RandomAccessFile 类对象 randomFile 的创建过程。例如:

```
randomFile=new RandomAccessFile("randomtest.txt","rw");
```

或

```
File filel=new File("randomtest.txt");
```

```
RandomAccessFile randomFile=new RandomAccessFile(filel,"rw");
```

上例中用了两种方法来创建对象 randomFile,它对文件 randomtest. txt 拥有读/写的访问权限。

2. 读/写数据的方法

1) 对文件指针的操作

RandomAccessFile 类实现的是随机读/写文件,与顺序读写操作不一样,它可以在文件的任意位置执行数据读/写,而不一定是从头到尾的顺序操作方式。要实现这样的功能,必须定义文件位置指针和移动这个指针的方法。RandomAccessFile 对象的文件位置指针遵循以下规律。

(1) 新建 RandomAccessFile 对象的文件位置指针位于文件的开头处。

(2) 每次读写操作之后,文件位置指针都相应后移读/写的字节数。

2) 读操作

由于 RandomAccessFile 实现了 DataInput 接口,它也可以用多种方法分别读取不同类型的数据。RandomAccessFile 中的读方法主要有:readBoolean()、readChar()、readInt()、readLong()、readFloat()、readDouble()、readLine()、readUTF()等。readLine()从当前位置开始,到第一个"\n"为止,读取一行文本,它将返回一个 String 对象。

3) 写操作

在实现了 DataInput 接口的同时,RandomAccessFile 类还实现了 DataOutput 接口,这就使它具有了强大的含类型转换的输出功能。RandomAccessFile 包含的写方法主要有:writeBoolean()、writeChar()、writeInt()、writeLong()、writeFloat()、writeDouble()、writeLine()、writeUTF()等。其中 writeUTF()方法可以向文件输出一个字符串对象。

需要注意的是,RandomAccessFile 类的所有方法都可能抛出 IOException 异常,所以利用它实现文件对象操作时应把相关的语句放在 try 块中,并在 catch 块中处理可能产生的异常。下面程序使用 RandomAccessFile 类实现文件读/写操作。

【例 6-2】 随机读/写文件。

```
import java.io.*;
import java.util.*;
/*
 * 随机文件访问示例
 */
public class RandomRwFile{
    public static void main(String[]args){
        String name="wangming";
        int age=20;

        //声明随机文件访问类
        RandomAccessFile raf=null;

        try{
            File file=new File("in.txt");
            //实例化随机文件访问类,访问方式为可读/写
```

```
                    raf=new RandomAccessFile(file,"rw");
                    raf.seek(file.length());
                    //以字节数组的方式写入 name
                    raf.writeBytes(name);
                    //raf.write(name.getBytes());
                    //写入整数
                    raf.writeInt(age);

        }catch(IOException io){
                    io.printStackTrace();
        }finally{
          try{
                    raf.close();
          }catch(IOException io2){
                    io2.printStackTrace();
          }


        }

        }//声明随机文件访问类
        RandomAccessFile raf2=null;
        int len=0;
        String str=null;
        int ages=0;
        try{
                    //实例化随机文件访问类,访问方式为可读
                    raf2=new RandomAccessFile(new File("in.txt"),"r");
                    //创建字节数组,用于存放所读出的 name 字符串的字节数组
                    byte[]buf=new byte[name.length()];
                    //读出 name
                    len=raf2.read(buf);
                    //将所读出的 name 存入 String 对象中
                    str=new String(buf,0,len);
                    //读出 age
                    ages=raf2.readInt();
                    //显示 name、age
                    System.out.println(str+" "+ages);
                    raf2.close();
        }
        catch(Exception i){
                    i.printStackTrace();
        }
     }
}
```

6.1.3　任务实施

第一步：确定要写入的数据

　　产品信息包括：产品号、产品名称、产品类别、产品型号、产品库存量、安全库存量、产品价格、产品产地、供应商编号、产品描述。

第二步：确定写入文件的方法

RandomAccessFile 类支持对文件的任意读写，并可依用户的要求设定对文件的访问权限。RandomAccessFile 类用于读/写的方法如表 6-3 所示。

表 6-3　RandomAccessFile 类用于读/写的常用方法

方　　法	描　　述
long length()	获取文件大小
void seek(long pos)	将文件指针移到指定位置 pos
int read(byte[]b)	从文件中读字符将存入数组 b
long getPointer()	获取当前文件位置指针从文件头算起的绝对位置
long length()	返回文件的字节长度，一般可用来判断是否读到了文件尾
int readLine()	从文件中读一个字符串
void writeBytes(String s)	将字符串以字节流形式写入文件
void writeChars(String s)	将一个字符串写入文件

写入文件的步骤：

(1) 创建随机访问文件类对象，并设置该对象拥有对指定文件的读/写权限。

(2) 用 seek() 方法，将指针移至文件的指定位置。

(3) 用 writeBytes() 方法，将输入的内容写入指定文件中。

6.1 节案例中的产品信息要求写入指定位置，所以需使用 RandomAccessFile 类，按照上述步骤来完成写入的功能。

第三步：确定写入文件的文件名

写入文件的文件名定义为 Product.txt。

第四步：创建策略文件

利用 JDK 的 PolicyTool 实用工具软件，创建策略文件，为资源设置权限。这里创建策略是对文件 CustAddress.txt 设置权限。具体步骤如下：

(1) 在 DOS 提示符下，转至 PolicyTool 所在目录，输入 PolicyTool 并执行该命令。

(2) 在 PolicyTool 对话框中，单击 Add Policy Entry 按钮。

(3) 单击 Add Permission 按钮。

(4) 从 Permission 下拉列表中，选择 FilePermission 选项。

(5) 单击 OK 按钮。

(6) 单击 Done 按钮。

(7) 在 File 菜单中，选择 Save as 命令。

(8) 在 Save as 对话框中，选择"Documents and setting\＜用户名＞"目录，保存为.java.policy 文件。

(9) 退出 PolicyTool 工具。

第五步：确定需处理的异常及错误信息

将数据写入文件时，可能会出现无写入权限或文件不存在异常。

无写入权限的错误信息：对文件无访问权限。

文件不存在的错误信息：文件不存在。

第六步：编写代码

```java
import javax.swing.*;
import java.awt.*;
import java.lang.*;
import java.awt.event.*;
import java.io.*;
/*
 * 产品信息处理(加入捕捉异常,自定义异常)
 */
public class ProductSaveToFile extends JFrame
{
    JFrame frame;

    //声明容器类变量
    Container content;
    //声明标签、文本框、组合框以及按钮
    …
    String cstr="计算机";
    String pstr=null;
    //声明布局类变量
    GridBagLayout gl;
    GridBagConstraints gbc;

    public ProductSaveToFile()
    {
        super("产品信息录入");
        //实例化布局类对象
        …
        //设置布局
        content=this.getContentPane();
        content.setLayout(gl);

        //实例化标签对象
        …
        //LOGO
        labelLOGO=new JLabel(new ImageIcon("images/4.gif"));
        //标题设置字体、颜色
        …

        //实例化文本框对象
        …
        //实例化产品类别组合框并添加选项
        …

        //实例化按钮对象
        buttonSubmit=new JButton("提交");

        //设置组件的位置,绑定监听器对象
        …

        this.setSize(600,500);
          this.setVisible(true);
```

```
}

//判断库存量合法与否
public void ProductNumTest(int x) throws IllegalProductNumException
{
    if(x<10||x>500)
        //抛出非法值异常
        throw new IllegalProductNumException();
}

//按钮监听类
class SubmitListener implements ActionListener{
    //事件处理方法
    public void actionPerformed(ActionEvent evt){
        //获取事件源对象
        Object obj=evt.getSource();
        JButton source= (JButton)obj;
        //判断事件源是否是按钮
        if(source.equals(buttonSubmit)){
            //判断文本框是否为空
            if(textProductNo.getText().length()==0){
                labelMessage.setText("产品编号不能为空");
                return;
            }
            if(textProductName.getText().length()==0){
                labelMessage.setText("产品名称不能为空");
                return;
            }
            if(textProductType.getText().length()==0){
                labelMessage.setText("产品类型不能为空");
                return;
            }
            if(textProductArea.getText().length()==0){
                labelMessage.setText("产品产地不能为空");
                return;
            }
            if(textSupplierCompany.getText().length()==0){
                labelMessage.setText("产品供应商不能为空");
                return;
            }
            if(textProductDescript.getText().length()==0){
                labelMessage.setText("产品描述不能为空");
                return;
            }

            if(textMinNumber.getText().length()==0){
                labelMessage.setText("产品安全库存量不能为空");
                return;
            }

            if(textProductNumber.getText().length()==0){
                labelMessage.setText("产品数量不能为空");
                return;
```

```
}
//数字类型异常处理
try{

    //将数量、安全库存转换为整型
    Integer minNum=Integer.valueOf(textMinNumber.getText());
    Integer number=Integer.valueOf(textProductNumber.getText());

    if(minNum<0){
        labelMessage.setText("产品安全库存时不能小于零");
        return;
    }

    if(number<0||number<minNum){
        labelMessage.setText("产品数量不能小于零,或是小于安全库存");
        return;
    }
    //库存量异常处理
    try{
        ProductNumTest(minNum);
    }
    catch(IllegalProductNumException ip){
        System.out.println(ip.message()+"\n");
    }
    //将价格转换为双精度类型
    Double price=Double.parseDouble(textProductPrice.getText());
    if(price<0.0){
        labelMessage.setText("产品价格不能小于零");
        return;
    }
}
catch(NumberFormatException e){
    System.out.println("数据格式转换异常,企图将空字符串转为数字类型");
}

pstr=textProductNo.getText()+" "+textProductName.getText()+" "+cstr
+textProductType.getText()+" "+textProductNumber.getText()+" "+
textProductNumber.getText()+" "+textProductArea.getText()+" "+
textProductPrice.getText()+" "+textSupplierCompany.getText()+" "+
textProductDescript.getText()+" "+textProductDescript.getText();

//声明随机文件访问类
RandomAccessFile raf=null;
try{
    //创建文件类对象
    File file=new File("Product.txt");
    //实例化随机文件访问类
    raf=new RandomAccessFile(file,"rw");
    //定位
    raf.seek(file.length());
    //写入产品信息
    raf.writeBytes(pstr);
}catch(Exception i){
```

```
                        i.printStackTrace();

                }finally{
                    try{
                        raf.close();
                    }catch(IOException io){
                        io.printStackTrace();
                    }
                }

        }
    }
}

//组合框选项监听类
class ComboListener implements ItemListener{
    public void itemStateChanged(ItemEvent evt){
        //获取选项值
        if(comboProductClass.getSelectedItem().equals("计算机"))
            cstr="计算机";
        else if(comboProductClass.getSelectedItem().equals("硬盘"))
            cstr="硬盘";
        else if(comboProductClass.getSelectedItem().equals("USB"))
            cstr="USB";
        else if(comboProductClass.getSelectedItem().equals("MP3"))
            cstr="MP3";
        else if(comboProductClass.getSelectedItem().equals("数码相机"))
            cstr="数码相机";

    }
    //实现键盘事件监听类
class KeyEventListener implements KeyListener{
    public void keyPressed(KeyEvent e){

    }

    public void keyReleased(KeyEvent e){

    }
    //当输入非数字时,显示出错信息·
    public void keyTyped(KeyEvent e){
        JTextField txtField= (JTextField)e.getSource();
        //当事件源为产品数量、安全库存量、价格文本框时

    if (txtField. equals (textProductNumber) || txtField. equals (textMinNumber) ||
    txtField.equals(textProductPrice)){
            //输入值在 0~9 之外则报错
            if(e.getKeyChar()<'0'||e.getKeyChar()>'9'){
                labelMessage.setText("必须为数字");
                return;
```

```
            }

        }

    }

}
    public static void main(String[]args)
    {
        ProductSaveToFile obj=new ProductSaveToFile();

    }
}
//自定义异常类
class IllegalProductNumException extends Exception
{
    public String message()
    {
        return "非法产品安全库存数";
    }
}
```

练习1：保存录入客户信息到指定文件

为了方便管理客户信息,每当新增客户信息时,将保留客户信息到 Customer.txt 文件中,并且根据录入的先后顺序存放。

提示：利用 RandomAccessFile 类的 writeLine()方法。

练习2：查询指定客户的详细信息

从客户资料数据文件 Customer.txt 中,利用 RandomAccessFile 类读取存在于第二行的客户的详细资料。

提示：利用 RandomAccessFile 类的 readLine()方法。

6.2 拓展：输入/输出流

流是指在计算机的输入/输出之间运行的数据序列：输入流代表从外设流入计算机的数据序列；输出流代表从计算机流向外设的数据序列。

Java 流在处理上分为字符流和字节流。字符流处理的单元为 2 个字节的 Unicode 字符,分别操作字符、字符数组或字符串,而字节流处理单元为 1 个字节,操作字节和字节数组。

在 Java 中,读取一个字节序列的对象称为一个输入流,而写入一个字节序列的对象则称作一个输出流。java.io 包为数据读取和写入提供了相应的输入/输出流,其中 InputStream 类、OutputStream 类、Reader 类和 Writer 类是四个最为重要的类。InputStream 类、OutputStream 类是以字节(byte)为对象进行输入/输出,而 Reader 类和 Writer 类是以字符(char)为对象处理输入/输出。

1. 以字节为导向的流 InputStream/OutputStream

InputStream 和 OutputStream 是两个 abstact 类,对于字节为导向的流都扩展这两个基类。

（1）InputStream

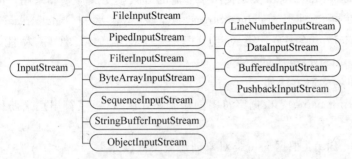

（2）OutputStream

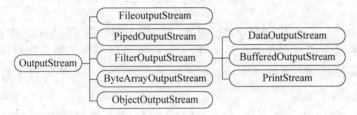

2. 以字符为导向的流 Reader/Writer

以 Unicode 字符为导向的流,表示以 Unicode 字符为单位从流中读取或往流中写入信息。Reader/Writer 为 abstact 类,以 Unicode 字符为导向的流都扩展这两个基类。

（1）Reader

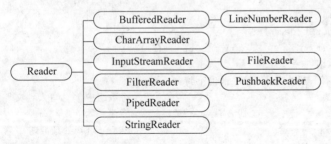

（2）Writer

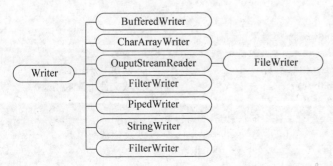

6.2.1 字节流读/写操作

1. 文件输入/输出流

FileInputStream 类和 FileOutputStream 类是使用字节流的方式读写文件。如果用户的文件读取要求比较简单，则可以使用 FileInputStream 类，该类继承自 InputStream 类。FileOutputStream 类与 FileInputStream 类对应，提供了基本的文件写入能力。FileOutputStream 类是 OutputStream 类的子类。

FileInputStream 类常用的构造方法如下。

- FileInputStream(String name)：根据字符串创建流文件读入类，字符串定义路径和文件名。
- FileInputStream(File file)：根据 File 类对象创建流文件读入类。

第一个构造方法比较简单，但第二个构造允许在把文件连接输入流之前对文件作进一步分析。

FileOutputStream 类有与 FileInputStream 类相同参数的构造方法，创建 FileOutputStream 对象时，可以指定不存在的文件名，但此文件不能是一个已被其他程序打开的文件。下面的实例就是使用 FileInputStream 类和 FileOutputStream 类实现文件的读/写功能。

【例 6-3】 使用 FileOutputStream 类向文件 word. txt 写入信息，然后通过 FileInputStream 类将文件中的数据读取到控制台。

```java
import java.io.*;
public class FileTest{                                    //创建类
    public static void main(String[]args){                //主方法
        File file=new File("word.txt");                   //创建文件对象
        try{                                              //捕捉异常
            //创建 FileOutputStream 对象
            FileOutputStream out=new FileOutputStream(file);
            //创建 byte 型数组
            byte buy[]="我有一只小毛驴,我从来也不骑。".getBytes();
            out.write(buy);                               //将数组中信息写入到文件中
            out.close();                                  //将流关闭
        }catch(Exception e){                              //catch 语句处理异常信息
            e.printStackTrace();                          //输出异常信息
        }
        try{
            //创建 FileInputStream 类对象
            FileInputStream in=new FileInputStream(file);
            byte byt[]=new byte[1024];                    //创建 byte 数组
            int len=in.read(byt);                         //从文件中读取信息
            //将文件中信息输出
            System.out.println("文件中的信息是:"+new String(byt,0,len));
            in.close();                                   //关闭流
        }catch(Exception e){
```

```
            e.printStackTrace();                              //输出异常信息
        }
    }
}
```

例 6-3 运行结果如图 6-2 所示。

图 6-2 例 6-3 运行结果

> 📝**说明** 虽然 Java 在程序结束时自动关闭所有打开的流,但是当使用完流后,显式地关闭任何打开的流仍是一个好习惯。一个被打开的流有可能会用尽系统资源,这取决于平台和实现的目标。如果没有将打开的流关闭,当另一个程序试图打开这个流时,这些资源可能会看不到。

【例 6-4】 读写图片文件。

```java
import java.io.*;
public class StreamFileReadOrWriteDemo{
    public StreamFileReadOrWriteDemo()throws Exception{
        //创建流读入类
        FileInputStream fileInputStream=new FileInputStream("picture.jpg");
        //创建新文件 newPictureDemo.jpg
        FileOutputStream fileOutputStream=new FileOutputStream("newPicture.jpg");
        //创建 byte 数组,通过 available 方法取得流的最大字符数
        byte[]inOutb=new byte[fileInputStream.available()];
        //读入流,保存在 byte 数组
        fileInputStream.read(inOutb);
        //写出流,保存在文件 newPicture.jpg
        fileOutputStream.write(inOutb);
        //关闭文件类
        fileInputStream.close();
        fileOutputStream.close();
        System.out.println("成功创建 newPicture.jpg 文件.");
    }
    public static void main(String[]args){
        try{
            new StreamFileReadOrWriteDemo();
        }catch(Exception ex){
            ex.printStackTrace();
        }
    }
}
```

例 6-4 运行结果如图 6-3 所示。

newPicture.jpg 文件如图 6-4 所示。

本例实现创建 newPicture.jpg 文件中,并将

图 6-3 例 6-4 运行结果

图 6-4　newPicture.jpg 文件

Picture.jpg 中的内容写入 newPicture.jpg 文件。

2．对象输入/输出流

如果希望将产品资料作为对象数据写入文件，需要了解 Java 中对象数据的存储格式，以及对象的具体读写方法。

Java 是面向对象的程序设计语言，对象是其中一个重要的数据类型。在 Java 编程中，除了需要对基本数据类型（如整型、字符型）读/写操作，还需要对文件中的对象数据进行读/写。对象序列化是使用一种特殊的格式来存储对象数据的，序列化的过程就是将对象写入字节流和从字节流中读取对象。将对象转换成字节流之后，可以使用 java.io 包中的各种字节流类将其保存到文件中。

序列化分为两大部分：序列化和反序列化。序列化是这个过程的第一部分，将数据分解成字节流，以便存储在文件中。反序列化就是打开字节流并重构对象。对象序列化不仅要将基本数据类型转换成字节流，有时还要恢复数据。恢复数据要求有恢复数据的对象实例。java.io 包提供 Serializable 接口以支持对象的序列化。通过实现 Serializable 接口，可以将对象写入流，而在以后又可以将它读出来，并且从文件读对象和将对象写进文件流的过程都是非常简单的。

java.io 包有两个序列化对象的类：ObjectOutputStream 类负责将对象写入字节流，ObjectInputStream 类负责从字节流重构对象。

ObjectOutStream 类扩展 DataOutput 接口，使用其 writeObject()方法可以对对象序列化。如果对象包含对其他对象的引用，则 writeObject()方法递归序列化这些对象。

ObjectInputStream 类与 ObjectOutputStream 类相似，它也扩展 DataInput 接口，使用其 readObject()方法可以从字节流中反序列化对象。每次调用 readObject()方法都返回字节流中下一个 Object 对象。

使用 FileInputStream 类和 FileOutputStream 类时，可利用 ObjectInputStream 类和

ObjectOutputStream 类为应用程序提供一个对象存储场所。

下面的实例创建一个实现 java.io.Serializable 接口的 Product 类,用此类封装产品信息,然后在主类中创建产品对象,该对象自动进行序列化后存储到文件 product.obj 中。

【例 6-5】 写对象到文件中(序列化过程)。

```java
import java.io.*;
import java.util.*;
public class ObjectWriteDemo{
    public static void main(String[]args){
        try{
            //新建文件输出流
            FileOutputStream fs=new FileOutputStream("product.obj");
            //创建对象输出流
            ObjectOutputStream os=new ObjectOutputStream(fs);
            //创建 Product 对象
            Product p=new Product("AH001","戴尔笔记本","计算机","PX124",23,10,"广
            州","广州汇通公司","计算机设备",5213);
            //将对象 p 写入流
            os.writeObject(p);
            os.flush();
            //关闭文件对象
            fs.close();
        }catch(Exception e){
            e.printStackTrace();
        }
    }
}
//Product 以对象的形式保存到文件,Product 类必须实现序列化接口 Serializable
class Product implements java.io.Serializable{
    String ProductNo;
    String ProductName;
    String ProductClass;
    String ProductType;
    int ProductNumber;
    int MinNumber;
    double ProductPrice;
    String ProductArea;
    String SupplierCompany;
    String ProductDescript;
    public Product(String ProductNo,String ProductName,String ProductClass,String
ProductType, int ProductNumber, int MinNumber, String ProductArea, String SupplierCompany,
String ProductDescript,double ProductPrice){
        this.ProductNo=ProductNo;
        this.ProductName=ProductName;
        this.ProductClass=ProductClass;
        this.ProductType=ProductType;
        this.ProductNumber=ProductNumber;
        this.MinNumber=MinNumber;
        this.ProductArea=ProductArea;
        this.SupplierCompany=SupplierCompany;
```

```
        this.ProductDescript=ProductDescript;
        this.ProductPrice=ProductPrice;
    }
}
```

【例 6-6】 从文件中读对象（反序列化）。

```
import java.io.*;
import java.util.*;
public class ObjectReadDemo{
    public static void main(String[]args){
        try{
            //新建文件输入流
            FileInputStream fi=new FileInputStream("product.obj");
            //创建对象输入流
            ObjectInputStream is=new ObjectInputStream(fi);
            //读对象
            Product p=(Product)is.readObject();
            System.out.println("产品名称:"+p.ProductName);
            fi.close();
        }catch(Exception e){
            e.printStackTrace();
        }
    }
}
//从文件中读取 Product 对象,Product 类必须实现序列化接口 Serializable
class Product implements java.io.Serializable{
    String ProductNo;
    String ProductName;
    String ProductClass;
    String ProductType;
    int ProductNumber;
    int MinNumber;
    double ProductPrice;
    String ProductArea;
    String SupplierCompany;
    String ProductDescript;
    public Product(String ProductNo,String ProductName,String ProductClass,String
ProductType,int ProductNumber,int MinNumber,String ProductArea,String Supplier-Company,
String ProductDescript,double ProductPrice){
        this.ProductNo=ProductNo;
        this.ProductName=ProductName;
        this.ProductClass=ProductClass;
        this.ProductType=ProductType;
        this.ProductNumber=ProductNumber;
        this.MinNumber=MinNumber;
        this.ProductArea=ProductArea;
        this.SupplierCompany=SupplierCompany;
        this.ProductDescript=ProductDescript;
        this.ProductPrice=ProductPrice;
    }
}
```

6.2.2 字符流读/写操作

使用 FileOutputStream 类向文件中写入数据与使用 FileInputStream 类从文件中将内容读出来,存在一点不足,即这两个类都只提供了对字节或字节数组的读/写方法。由于 Java 中的字符是 Unicode 编码,是双字节的,汉字在文件中占两个字节,如果使用字节流,读取不好可能会出现乱码现象。此时采用字符流 Reader 或 Writer 类即可避免这种现象。

FileReader 和 FileWriter 字符流对应了 FileInputStream 类和 FileOutputStream 类。FileReader 顺序地读取文件,只要不关闭流,每次通过 read()方法就能顺序地读取源中其余的内容,直到源的末尾或流被关闭。

下面通过一个应用程序介绍 FileReader 类与 FileWriter 类的用法。

【例 6-7】 文本文件读写。

```java
import java.io.*;
public class TxtFileReadOrWriteDemo{

    public static void main(String[]args)throws IOException{
        //获得 2 个文件类,默认的路径是程序的运行路径
        File inputFile=new File("demo1.txt");
        File outputFile=new File("demo2.txt");
        //创建文件读入类
        FileReader in=new FileReader(inputFile);
        //创建文件写出类
        FileWriter out=new FileWriter(outputFile);
        int c;
        //如果到了文件尾,read()方法返回的数字是-1
        while((c=in.read())!=-1){
            //使用 write()方法向文件写入信息
            out.write(c);
        }
        //关闭文件读入类
        in.close();
        //关闭文件写出类
        out.close();
        System.out.println("成功创建文件 demo2.txt.");
    }
}
```

例 6-7 运行结果如图 6-5 所示。

该类创建 demo2.txt 文件,再将 demo1.txt 的内容写入 demo2.txt 文件。

图 6-5 例 6-7 运行结果

可以使用 BufferedReader 类与 BufferedWriter 类实现逐行读/写文本文件。这两个类具有内部缓冲机制,可以以行为单位进行输入/输出。

【例 6-8】 逐行读写文本文件。

```java
import java.io.*;
```

```java
public class TxtFileLineReadOrWriteDemo{
    public TxtFileLineReadOrWriteDemo()throws Exception{
        //创建 demo1.txt 文件的 File 类
        File inFile=new File("demo1.txt");
        //读入 demo1.txt 文件
        FileReader reader=new FileReader(inFile);
        //根据 FileReader 创建 BufferedReader
        BufferedReader bufferedReader=new BufferedReader(reader);
        //创建文件 demo3.txt
        FileWriter writer=new FileWriter("demo3.txt");
        //根据 FileWriter 创建 BufferedWriter
        BufferedWriter bufferedWriter=new BufferedWriter(writer);
        //读入 demo1.txt 文件的内容,然后将其写出到 demo3.txt 文件
        while(bufferedReader.ready()){
            //读入一行内容
            String inStr=bufferedReader.readLine();
            System.out.println("行的内容="+inStr);
            //写出一行内容
            bufferedWriter.write(inStr);
            //写入一个行分隔符
            bufferedWriter.newLine();
        }
        //保存 demo3.txt 文件的内容
        bufferedWriter.close();
        bufferedReader.close();
        System.out.println("成功创建 demo3.txt 文件.");
    }
    public static void main(String[]args){
        try{
            new TxtFileLineReadOrWriteDemo();
        }catch(Exception ex){
            ex.printStackTrace();
        }
    }
}
```

例 6-8 运行结果如图 6-6 所示。

图 6-6　例 6-8 运行结果

在使用 BufferWriter 类的 Writer()方法时,数据并没有立刻被写入至输出流中,而是首先进入缓存区。如果想立刻将缓冲区中的数据写入输出流中,一定要调用 flush()方法。

在程序运行过程中,常用的 I/O 操作包括向标准设备输入/输出数据和文件的输入/输出。为了支持标准设备的输入/输出,如键盘和显示器,在 Java 中定义了两个流对象:System.in 和

System. out。由于这两个对象都是 System 类的静态属性,无须创建对象而可直接使用,具体的使用方法,会在下面的例子中给出。

为了提高输入/输出的效率,通常可用 BufferReader/BufferedWriter 包覆盖 InputStream/OutputStream 类的对象来处理字符读/写。例如,下面的代码实现的功能是应用 InputStreamReader 类读键盘的输入。

【例 6-9】　读键盘输入。

```
//InputReaderTest.java
import java.io.*;
import java.lang.*;
public class InputReaderTest
{
    public static void main(String args[])throws IOException
    {
        InputStreamReader inputReader=new InputStreamReader(System.in);
        BufferedReader bufReader=new BufferedReader(inputReader);
        String str;
        do
        {
            System.out.println("请输入:");
            str=bufReader.readLine();
            System.out.println("用户输入的内容为:");
            System.out.println(str);
        }while(str.length()!=0);
    }
}
```

例 6-9 运行结果如图 6-7 所示。

上述程序完成如下功能:

(1) 创建 InputStreamReader 类对象 InputReader,读取键盘输入。

(2) 创建 BufferedReader 类对象 bufReader,以缓冲键盘所输入的数据流。

图 6-7　例 6-9 运行结果

(3) 每当用户输入字符串,则调用 readLine()方法读取一行文本,然后显示在屏幕上。

为了进一步地理解文件的输入/输出操作,下面再举一个例子,利用 File 类和流类的一些方法,实现获取文件的基本特性功能。

【例 6-10】　获取文件特性。

```
//FileAttributeTest.java
import java.io.*;
import java.util.*;
public class FileAttributeTest
{
    public static void main(String args[])throws IOException
    {
        String path;
            //创建输入流对象
```

```
InputStreamReader stdin=new InputStreamReader(System.in);
        //用 BufferedReader 包覆盖输入流对象 bufin
BufferedReader bufin=new BufferedReader(stdin);
System.out.print("请输入文件的相对或绝对路径:\n");
        //从 bufin 中读取一行文本
path=bufin.readLine();
File FilePath=new File(path);
System.out.println("父路径:"+FilePath.getParent());
System.out.println("文件名:"+FilePath.getName());
System.out.println("绝对路径:"+FilePath.getAbsolutePath());
System.out.println("是否为目录:"+FilePath.isDirectory());
System.out.println("是否为文件"+FilePath.isFile());
System.out.println("是否可读:"+FilePath.canRead());
System.out.println("是否可写:"+FilePath.canWrite());
    }
}
```

例 6-10 运行结果如图 6-8 所示。

图 6-8　例 6-10 运行结果

6.3　任务:查询所有产品的详细信息

6.3.1　任务描述及分析

1. 任务描述

仓储管理系统中,为了更方便管理产品信息,将所有产品信息保存到数据库中,编写程序,查询产品数据表中所有产品的详细信息并显示出来。

2. 任务分析

根据任务的描述,产品信息已经保存到数据库中,要读取数据库文件中的指定产品信息,需要了解 Java 程序访问数据库的一般步骤,解决本节中问题的步骤如下:
- 确定要查询的数据库名、表名。
- 确定驱动程序类型。
- 创建 DSN。
- 加载驱动器。

- 建立数据库连接。
- 掌握用来查询数据库的类和方法。
- 编写代码。
- 运行程序。

6.3.2　知识学习

1. 数据库访问机制

1) JDBC 技术

JDBC 是一种可用于执行 SQL 语句的 Java API，是连接数据库和 Java 应用程序的一个纽带。JDBC 的全称是 Java DataBase Connectivity，是一套面向对象的应用程序接口，指定了统一的访问各种关系数据库的标准接口。JDBC 是一种底层的 API，因此访问数据库时需要在业务逻辑层中嵌入 SQL 语句。SQL 语句是面向关系的依赖于关系模型，所以通过 JDBC 技术访问数据库也是面向关系的。JDBC 技术主要完成以下几个任务：

- 与数据库建立一个连接。
- 向数据库发送 SQL 语句。
- 处理从数据库返回的结果。

需要注意的是，JDBC 并不能直接访问数据库，必须依赖于数据库厂商提供的 JDBC 驱动程序。

2) JDBC 驱动器

在用 JDBC 开发应用时必须考虑以下两个问题：

(1) Java 应用不能直接与数据库通信，来递交与检索查询结果。这是因为 DBMS 只能理解 SQL 语句，不能理解 Java 语言的语句。因此，需要有把 Java 语句翻译成 SQL 语句的机制。

(2) 今天市场上有不同类型的 DBMS 产品，如 DB2、MS SQL Server、Sybase 与 Oracle。Java 程序应能够与任何类型的数据库通信，而且是某一类（如 DB2）DBMS 通信而写的 Java 应用应能够与另一类 DBMS（如 SQL Server）通信，且不必修改应用。因 Java 应用应是独立于 DBMS 的。

JDBC 驱动器来解决这个问题。对于特定的数据库问题，每个数据库厂商应提供伴随数据库的驱动程序。Java 应用调用 JDBC API 的方法，JDBC API 依次使用驱动器与特定数据库通信。

JDBC API 提交查询给 JDBC 驱动器。JDBC 驱动器把查询转换为可被特定 DBMS 理解的形式。JDBC 驱动器也检索 SQL 查询的结果，并把它转换为可被应用使用的等价的 JDBC API 类与对象。因为 JDBC 驱动器关心的仅仅是与数据库的交互，对数据库的任何变动不会影响到应用。图 6-9 显示了 Java 程序使用 JDBC 访问数据库的架构。

图 6-9　Java 程序访问数据库的架构

JDBC 驱动基本上分为以下 4 种：

- JDBC-ODBC 桥接驱动：依靠 ODBC 驱动去数据库通信。这种连接方式必须将 ODBC 二进制代码加载到使用该驱动程序的每台客户机上。这种类型的驱动程序最适合于企业网或者是用 Java 编写的三层结构的应用程序服务器代码。
- 本地 API 一部分用 Java 编写的驱动程序：这类驱动程序把客户机的 API 上的 JDBC 调用转换为 Oracle、DB2、Sybase 或其他 DBMS 的调用。这种驱动程序也需要将某些二进制代码加载到每台客户机上。
- JDBC 网络驱动：这种驱动程序将 JDBC 转换为与 DBMS 无关的网络协议，又被某个服务器转换为一种 DBMS 协议，是一种利用 Java 编写的 JDBC 驱动程序，也是最为灵活的 JDBC 驱动程序。这种方案的提供者提供了适合于企业内部互联网（Intranet）用的产品。为使这种产品支持 Internet 访问，需要处理 Web 提供的安全性、通过防火墙的访问等额外的需求。
- 本地协议驱动：这是一种纯 Java 的驱动程序。这种驱动程序将 JDBC 调用直接转换为 DBMS 所使用的网络协议，允许从客户机上直接调用 DBMS 服务器，是一种很实用的访问 Intranet 的解决方法。

JDBC 网络驱动和本地协议驱动是 JDBC 访问数据库的首选，这两类驱动程序提供了 Java 的所有优点。

3）查询数据库的一般步骤

（1）加载驱动器

你知道所有与数据的交互都是借助于 DBMS 特定的驱动器而发生的，所以，在查询数据库之前，你需要确定特定 DBMS 厂商提供的驱动器并装入它。

为建立数据库连接，需通过调用 java.lang.Class 类的 forName()方法来装入数据库特定的驱动器。用以下语句加载驱动器：

```
Class.forName("sun.jdbc.odbc.JdbcOdbcDriver");        //加载 JDBC-ODBC 桥接驱动器类
```

（2）连接数据库

在装入 DBMS 特定驱动器之后，需要识别被连接与查询的 DBMS 内的数据库。可建立与数据库一次以上的连接。

java.sql 包包含类和接口，它们有助于连接数据库，发送 SQL 语句到数据库，及处理查询结果。

Connection 对象代表与数据的连接。在应用中可以有几个 Connection 对象与一个或多个数据库连接。用 DriverManager 类中 getConnection(String url)方法建立与数据库连接。这个方法试图定位可连接到数据库的驱动器。此数据库由传递到 getConnection()方法的 DB url 表示，DB url 由 3 部分组成：

```
<protocol>:<subprotocol>:<subname>
```

- 在一个 DB url 中<protocol>总是 JDBC。
- <subprotocol>为数据库连接机制的名。如果检索数据的机制为 JDBC-ODBC 桥接，则此子协议必须是 ODBC。
- 用<subname>标识数据库，subname 又称为数据源名（DSN）。

连接数据库涉及的步骤如下：

（1）用 Windows OS 提供的 ODBC 数据源管理器工具创建名为 MyDataSource 的 DSN。

（2）在创建 DSN 之后，用以下语句连接到数据库：

```
Connection con=DriverManager.getConnection("jdbc:odbc:MyDataSource");
```

【例 6-11】 使用桥接驱动器连接数据库。

```
import java.sql.*;
public class Conn{                                    //创建类 Conn
    Connection con;                                   //声明 Connection 对象
    public Connection getConnection(){                //建立返回值为 Connection 的方法

      try{                                            //加载 JDBC-ODBC 桥接驱动器类
          Class.forName("sun.jdbc.odbc.JdbcOdbcDriver");
          System.out.println("数据库驱动加载成功");
      }catch(ClassNotFoundException e){                                              (1)
          e.printStackTrace();
      }

      try{                                  //通过访问数据库的 URL 获取数据库连接对象
      con=DriverManager.getConnection("jdbc:odbc:MyDataSource");
      System.out.println("数据库连接成功");
      }catch(SQLException e){                                                        (2)
       e.printStackTrace();
      }
      return con;                                     //按方法要求返回一个 Connection 对象
    }
    public static void main(String[]args){            //主方法
        Conn c=new Conn();                            //创建本类对象
        c.getConnection();                            //调用连接数据库方法
    }
}
```

例 6-11 运行结果如图 6-10 所示。

图 6-10　例 6-11 运行结果

代码说明：

* 代码块（1）：通过 java.lang 包的静态方法 forName() 来加载 JDBC 驱动程序，如果加载失败会抛出 ClassNotFoundException 异常。应该确定数据库驱动类是否成功加载到程序中。
* 代码块（2）：通过 java.sql 包中类 DriverManager 的静态方法 getConnection(String

url,String user,String password)建立数据库连接。该方法的三个参数一次指定预连接数据库的路径、用户名和密码。返回 Connection 对象。如果连接失败,则抛出 SQLException 异常。

- 本例中将连接数据库作为单独的一个方法,并以 Connection 对象作为返回值。这样写的好处是在遇到对数据库执行操作的程序时直接调用 Conn 类的 getConnection()方法获取连接,增加了代码的重用性。

(3) 查询数据库

一旦连接到数据库,就可以向数据库发送 SQL 语句。使用 Statement 对象把简单查询发送到数据库,Statement 对象允许执行简单的查询,可用以下方法进行查询:

- executeQuery()方法执行简单的选择查询,并返回 ResultSet 对象。
- executeUpdate()方法执行 INSERT、UPDATE 或 DELETE 语句。

2. 读数据的方法

1) Statement 接口

从数据表中读取数据的实质就是向数据库发送一条 SQL 查询语句。Statement 接口用于在已经连接的基础上向数据库发送不带参数的简单 SQL 语句。下面的实例使用 Statement 对象实现发送简单查询语句到数据库。

【例 6-12】 执行简单查询。

```java
import java.sql.*;
public class QueryApp
{
    public static void main(String arg[])
    {
        try
        {
            Class.forName("sun.jdbc.odbc.JdbcOdbcDriver");
            Connection con=DriverManager.getConnection("jdbc:odbc:MyDataSource");
            Statement st=con.createStatement();              //实例化 Statement 对象
            ResultSet rs=st.executeQuery("select * from Products");
                                                    //执行 SQL 语句,返回结果集
        }
        catch(Exception e)
        {
            System.out.println(e);
        }
    }
}
```

2) ResultSet 接口

ResultSet 接口类似于一个临时表,用来暂时存放数据库查询操作所获得的结果集。ResultSet 对象具有指向当前数据行的指针,初始时指针指向第一行记录的前面,通过 next()方法把指针指向下一行。

使用 Statement 对象执行 SQL 查询语句的结果集存放在 ResultSet 对象中,代码如下:

```
ResultSet rs=st.executeQuery("select * from Products");
```

可以通过 get×××(int column_number)方法检索 ResultSet 行中数据,这里×××指列的数据类型如 String、Integer 或 Float,column_number 指出结果集中列号。修改例 6-12,实现显示结果集中数据。

【例 6-13】　遍历结果集。

```
import java.sql.*;
public class QueryApp
{
    public static void main(String arg[])
    {
        try
        {
            Class.forName("sun.jdbc.odbc.JdbcOdbcDriver");
            Connection con=DriverManager.getConnection("jdbc:odbc:MyDataSource");
            Statement st=con.createStatement();            //实例化 Statement 对象
            ResultSet rs=
            st.executeQuery("select * from Products");      //执行 SQL 语句,返回结果集
            while(rs.next())                               //遍历结果集
            {
                System.out.println(rs.getString(2));        //输出结果集中第二列的值
            }
        }
        catch(Exception e)
        {
            System.out.println(e);
        }
    }
}
```

> 说明　由于 ProductName 列是数据表中的第二列,获取结果集中 ProductName列的列值,可以写成 getString(2);可以通过列的名字来获取结果集中指定的列值,也可以写成 getString("ProductName")来获取。

6.3.3　任务实施

第一步:确定要查询的数据库名、表名
产品信息保存在 Test 数据库的 Products 数据表中。
第二步:确定驱动程序类型
使用 sun.jdbc.odbc.JdbcOdbcDriver 桥接驱动器与数据库通信。
第三步:创建 DSN
使用 Windows OS 提供的 ODBC 数据源管理器工具创建名为 MyDataSource 的 DSN,并执行以下步骤:
(1) 双击管理工具中 ODBC 数据源管理器图标,打开"ODBC 数据源管理器"对话框,如

图 6-11 所示。

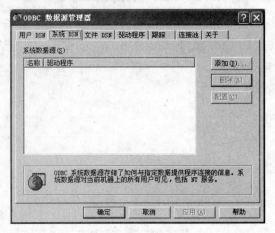

图 6-11　"ODBC 数据源管理器"对话框

（2）选择"系统 DSN"选项，单击"添加"按钮。

（3）在驱动程序列表中选择 SQL Server 选项，如图 6-12 所示，单击"完成"按钮。

图 6-12　选择 SQL Server 选项

（4）输入数据源的名称，选择要连接的 SQL Server，如图 6-13 所示，并单击"下一步"按钮。

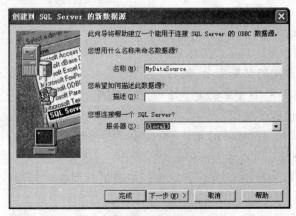

图 6-13　设置数据源名称及服务器

（5）选择"使用用户输入登录 ID 和密码的 SQL Server 验证"选项，然后指出连接到 SQL Server 要用的登录名和密码，如图 6-14 所示，单击"下一步"按钮。

图 6-14　输入登录名和密码

（6）选择要连接的数据库，如图 6-15 所示，并单击"下一步"按钮。

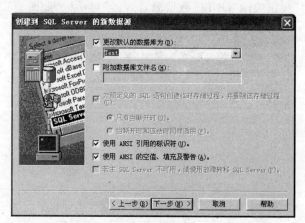

图 6-15　选择要连接的数据库

（7）在出现的图 6-16 所示界面中单击"完成"按钮。

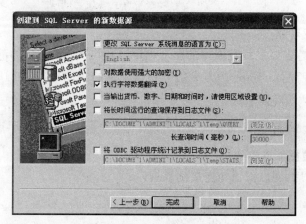

图 6-16　单击"完成"按钮

(8) 单击"测试数据源"按钮,以检查此连接,如图 6-17 所示,单击"确定"按钮。

(9) 测试成功会显示相关信息,如图 6-18 所示,单击"确定"按钮关闭此向导。

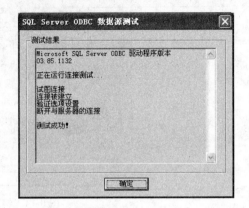

图 6-17　检查连接　　　　　　　　　　　　　图 6-18　关闭向导

(10) 单击"确定"按钮关闭"ODBC 数据源管理器"对话框,如图 6-19 所示。

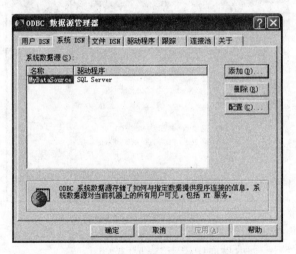

图 6-19　关闭"ODBC 数据源管理器"对话框

第四步:加载驱动器

要访问数据库,首先要加载数据库的驱动程序,通过 java. lang 包的静态方法 forName() 来加载 JDBC 驱动程序,forName()方法用于装载特定的驱动器,并在 JDBC 驱动程序管理器中对它进行注册。代码如下:

```
Class.forName("sun.jdbc.odbc.JdbcOdbcDriver");        //加载 JDBC-ODBC 桥接驱动器类
```

第五步:建立数据库连接

在创建 DSN 之后,用以下语句连接到数据库:

```
Connection con=DriverManager.getConnection("jdbc:odbc:MyDataSource");
```

第六步：掌握用来查询数据库的类和方法

查询 Products 表要用到的类和方法如下：

- Class-forName()
- DriverManager-getConnection()
- Connection-prepareStatement()
- Statement-executeQuery()
- ResultSet-next()
- ResultSet-get×××()

第七步：编写代码

```java
import java.awt.*;
import java.awt.event.*;
import java.sql.*;
import javax.swing.*;
/*
 *访问数据库之查询
 */


//定义主类
public class AccessDB_Query{
    public static void main(String[]args){
        GUI gui=new GUI();
    }
}
//图形界面类,用于显示查询文本框、按钮,以及查询结果
class GUI extends JFrame implements ActionListener{
    JPanel panel,panel_0;
    JButton btnSearch;
    JTextArea txtProductInfo;
    public GUI(){
        super("access to db");
        panel_0=new JPanel();
        panel=new JPanel();
        this.getContentPane().add(panel_0);
        panel_0.setLayout(new BorderLayout());
        btnSearch=new JButton("Search");
        //绑定按钮监听器
        btnSearch.addActionListener(this);
        txtProductInfo=new JTextArea();
        txtProductInfo.setEnabled(false);
        panel.add(btnSearch);
        panel_0.add(panel,BorderLayout.NORTH);
        panel_0.add(txtProductInfo,BorderLayout.CENTER);
        this.setSize(400,400);
        this.setVisible(true);
    }
    //监听单击按钮事件
```

```
public void actionPerformed(ActionEvent evt){
    JButton btn= (JButton)evt.getSource();
    //如果单击按钮,则调用查询数据库方法
    if(btn.equals(btnSearch)){
        txtProductInfo.setText("result:"+"\n");
        //调用查询方法
        searchInfo();
    }
}

//查询所有产品信息
public void searchInfo(){
    //声明连接变量
    Connection con=null;
    try{
        //加载驱动程序类
        Class.forName("sun.jdbc.odbc.JdbcOdbcDriver");
        //建立与数据库的连接
        con=DriverManager.getConnection("jdbc:odbc:MyDataSource");
        //创建语句类对象
        Statement stat=con.createStatement();
        ResultSet rs=null;
        //执行查询返回结果到结果集对象
        rs=stat.executeQuery("select * from Products");
        txtProductInfo.append("no"+"  "+"name"+"   "+"type"+"  "+"area"+"   "+"
        number"+"   "+"desc"+"\n");
        //逐条记录读出,并显示在多行文本框中
        while(rs.next()){
            txtProductInfo.append(rs.getString(1)+" "+rs.getString(2)+" "+rs.
            getString(3)+" "+rs.getString(4)+" "+rs.getString(5)+"   "+rs.
            getString(6)+"\n");
        }
    }catch(ClassNotFoundException e){
        e.printStackTrace();
    }
    catch(SQLException e){
        e.printStackTrace();
    }
}
```

第八步：运行程序

单击"查询"按钮将显示所有产品的详细
信息。

运行结果如图 6-20 所示。

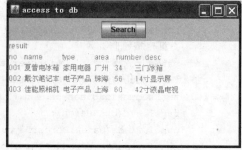

图 6-20　本任务运行结果

练习 3：查询所有客户的详细信息

提示：客户信息保存在 users 数据表中,此表包含 uname、upassword、uemail 三个字段。

6.4 任务：保存录入产品信息到指定数据库

6.4.1 任务描述及分析

1. 任务描述

仓储管理系统中，为了更方便管理产品信息，每当新增产品信息时，将产品资料保存到特定的数据库文件中，要求使用纯Java驱动连接数据库。

2. 任务分析

当用户录入产品信息时，是通过键盘将数据写入文本框，如果数据检验无误，将产品信息写入到一个数据库文件中保存起来。

根据系统的需要，产品信息是需要保存到数据库中，在6.3节中已经学习了Java程序访问数据库的一般步骤，在本节中主要解决如何将用户输入的数据传递给数据库的问题，解决本节中问题的步骤如下：

- 确定要写入数据的数据库名、表名。
- 确定驱动程序类型。
- 加载驱动器。
- 建立数据库连接。
- 掌握用来查询数据库的类和方法。
- 编写代码。
- 运行程序。

6.4.2 知识学习

下面介绍写数据的方法。

要实现把用户输入的数据保存到数据库中，需要考虑如何将文本框中用户输入的数据传递给数据库的 SQL 查询语句。

PreparedStatement 对象允许执行参数化的查询，例如，用户提供产品号 ProductNo，要查看该产品的详细资料，应使用以下查询语句：

```
select * from Products where ProductNo=?
```

为了把 ProductNo 由应用程序提供给数据库，在查询语句中用 where 子句中的"?"来表示应用程序传递进来的参数。用 Connection 对象的 prepareStatement() 方法创建 PreparedStatement 对象，代码如下：

```
PreparedStatement pstat=con.prepareStatement("select * from Products where
ProductNo=?");
```

Connection 对象的 prepareStatement()方法以 SQL 语句为参数,此 SQL 语句包含位置标识符"?",它在运行时可被输入参数所替代。

在执行查询语句之前,必须设置每个"?"占位符的值,可以调用 PreparedStatement 对象的 set×××()方法来设置占位符的值,这里×××为参数的数据类型。例如:

```
pstat.setString(1,txtProductNo.getText());
```

上述语句中的第一个参数表示 SQL 语句中从左向右的第几个占位符,第二个参数表示设置的展位符的值。

要保存产品信息到数据库表,需要执行 INSERT 操作的 SQL 语句,PreparedStatement 对象的 executeUpdate()方法执行带参数的 INSERT 语句。

6.4.3　任务实施

第一步:确定要写入数据的数据库名、表名

将录入的产品信息保存在 Test 数据库的 Products 数据表中。

第二步:确定驱动程序类型

要求使用纯 Java 驱动程序连接数据库。

com. microsoft. sqlserver. jdbc. SQLServerDriver 是微软公司提供的 SQL Server 2005 驱动器的类名。SQL Server 2005 的 JDBC 驱动需要单独下载,可以在微软公司的网站 (http：//www. microsoft. com)上下载 sqljdbc. jar 文件。

第三步:加载驱动器

```
Class.forName("com.microsoft.sqlserver.jdbc.SQLServerDriver");
//加载 SQL Server 2005 的 JDBC 驱动
```

第四步:建立数据库连接

SQL Server 2005 的 DB url 写法如下:

```
jdbc:sqlserver://localhost:1433;DatabaseName=Test
```

通过 getConnection(String url,String user,String password)建立连接,此方法为重载方法,参数 user 是登录数据库的用户名,password 是密码。

用以下语句连接到 Test 数据库:

```
Connection con=
DriverManager.getConnection("jdbc:sqlserver://localhost:1433;DatabaseName=Test","
sa","123456");
```

第五步:掌握用来更新数据库的类和方法

- Class-forName()。
- DriverManager-getConnection()。
- Connection-prepareStatement()。
- PrepareStatement-executeUpdate()。
- PrepareStatement-set××()。

第六步：编写代码

```java
import javax.swing.*;
import java.awt.*;
import java.lang.*;
import java.awt.event.*;
import java.io.*;
import java.sql.*;
/*
 * 产品信息保存到数据库
 */
public class ProductSaveToDB extends JFrame implements ActionListener
{
    JFrame frame;

    //声明容器类变量
    Container content;
    //声明标签、文本框、组合框以及按钮
    …
    String cstr="计算机";
    String pstr=null;
    //声明布局类变量
    GridBagLayout gl;
    GridBagConstraints gbc;

    public ProductSaveToDB()
    {
        //frame=new JFrame();
        super("产品信息录入");
        //实例化布局类对象
        …
        //设置布局
        content=this.getContentPane();
        content.setLayout(gl);

        //实例化标签对象
        …
        //LOGO
        labelLOGO=new JLabel(new ImageIcon("images/4.gif"));
        //标题设置字体,颜色
        …

        //实例化文本框对象
        …
        //实例化产品类别组合框并添加选项
        …

        //实例化按钮对象
        buttonSubmit=new JButton("提交");

        //设置组件的位置并绑定监听器
```

```
...
    this.setSize(600,500);
    this.setVisible(true);
}

//判断库存量合法与否
public void ProductNumTest(int x)throws IllegalProductNumException
{
    if(x<10||x>500)
        //抛出非法值异常
        throw new IllegalProductNumException();
}
//事件处理方法
public void actionPerformed(ActionEvent evt){
    //获取事件源对象
    Object obj=evt.getSource();
    JButton source=(JButton)obj;
    //判断事件源是否是按钮
    if(source.equals(buttonSubmit)){
        //判断文本框是否为空
        if(textProductNo.getText().length()==0){
            labelMessage.setText("产品编号不能为空");
            return;
        }

        if(textProductName.getText().length()==0){
            labelMessage.setText("产品名称不能为空");
            return;
        }

        if(textProductType.getText().length()==0){
            labelMessage.setText("产品类型不能为空");
            return;
        }

        if(textProductArea.getText().length()==0){
            labelMessage.setText("产品产地不能为空");
            return;
        }

        if(textSupplierCompany.getText().length()==0){
            labelMessage.setText("产品供应商不能为空");
            return;
        }

        if(textProductDescript.getText().length()==0){
            labelMessage.setText("产品描述不能为空");
            return;
        }

        if(textMinNumber.getText().length()==0){
            labelMessage.setText("产品安全库存量不能为空");
            return;
        }

        if(textProductNumber.getText().length()==0){
```

```
        labelMessage.setText("产品数量不能为空");
        return;
}
int minNum=0;
int number=0;
Double price=0.0;
//数字类型异常处理
try{

        //将数量、安全库存转换为整型
        minNum=Integer.parseInt(textMinNumber.getText());
        number=Integer.parseInt(textProductNumber.getText());

        if(minNum<0){
            labelMessage.setText("产品安全库存时不能小于零");
            return;
        }

        if(number<0||number<minNum){
            labelMessage.setText("产品数量不能小于零,或是小于安全库存");
            return;
        }
        //库存量异常处理
        try{
            ProductNumTest(number);
        }
        catch(IllegalProductNumException ip){
            System.out.println(ip.message()+"\n");
        }
        //将价格转换为双精度类型
        price=Double.parseDouble(textProductPrice.getText());
        if(price<0.0){
            labelMessage.setText("产品价格不能小于零");
            return;
        }
}
catch(NumberFormatException e){
    System.out.println("数据格式转换异常,企图将空字符串转为数字类型");
}
//创建产品类对象
Product prod=new Product();
//将输入信息存放到产品对象的属性中
prod.ProductNo=textProductNo.getText();
prod.ProductName=textProductName.getText();
prod.ProductClass=cstr;
prod.ProductType=textProductType.getText();
prod.ProductNumber=number;
prod.MinNumber=minNum;
prod.ProductArea=textProductArea.getText();
prod.ProductPrice=price;
prod.SupplierCompany=textSupplierCompany.getText();
```

```
                    prod.ProductDescript=textProductDescript.getText();
                    //调用保存数据方法
                    this.saveInfo(prod);


                }
        }


    //保存产品信息
    public void saveInfo(Product prod){
    //声明连接变量
    Connection con=null;

    //保存指定产品的信息
    try{
            //加载驱动程序类
            Class.forName("com.microsoft.sqlserver.jdbc.SQLServerDriver ");
            //建立与数据库的连接
con=DriverManager.getConnection("jdbc:sqlserver://localhost:1433;DatabaseName
=Test","sa","123456");
            //创建带参数语句类对象
            PreparedStatement pstat=con.prepareStatement("insert into Products
            values(?,?,?,?,?,?,?,?,?,?)");
            //设置参数,新记录的所有字段值
            pstat.setString(1,prod.ProductNo);
            pstat.setString(2,prod.ProductName);
            pstat.setString(3,prod.ProductClass);
            pstat.setString(4,prod.ProductType);
            pstat.setInt(5,prod.ProductNumber);
            pstat.setInt(6,prod.MinNumber);
            pstat.setString(7,prod.ProductArea);
            pstat.setDouble(8,prod.ProductPrice);
            pstat.setString(9,prod.SupplierCompany);
            pstat.setString(10,prod.ProductDescript);
            int rs=0;
            //执行插入记录操作
            rs=pstat.executeUpdate();
            //执行成功返回1,否则返回0
            if(rs!=0){
                JOptionPane.showMessageDialog(this,"save successfully ");
            }

    }catch(ClassNotFoundException e){
            e.printStackTrace();
    }
    catch(SQLException e){
            e.printStackTrace();
    }

}

    //组合框选项监听类
```

```java
class ComboListener implements ItemListener{
    public void itemStateChanged(ItemEvent evt){
        //获取选项值
        if(comboProductClass.getSelectedItem().equals("计算机"))
            cstr="计算机";
        else if(comboProductClass.getSelectedItem().equals("硬盘"))
            cstr="硬盘";
        else if(comboProductClass.getSelectedItem().equals("USB"))
            cstr="USB";
        else if(comboProductClass.getSelectedItem().equals("MP3"))
            cstr="MP3";
        else if(comboProductClass.getSelectedItem().equals("数码相机"))
            cstr="数码相机";
    }

}
//实现键盘事件监听类
class KeyEventListener implements KeyListener{
    public void keyPressed(KeyEvent e){

    }

    public void keyReleased(KeyEvent e){

    }
    //当输入非数字时,显示出错信息
    public void keyTyped(KeyEvent e){
        labelMessage.setText("");
        JTextField txtField=(JTextField)e.getSource();
        //当事件源为产品数量、安全库存量、价格文本框时
    if (txtField. equals (textProductNumber) || txtField. equals (textMinNumber) ||
    txtField.equals(textProductPrice)){
            //输入值在0~9之外则报错
            if(e.getKeyChar()<'0'||e.getKeyChar()>'9'){
                labelMessage.setText("必须为数字");
                return;
            }

        }

    }

}
    public static void main(String[]args)
    {
        ProductSaveToDB obj=new ProductSaveToDB();
    }
}

//自定义异常类
class IllegalProductNumException extends Exception
{
```

```
        public String message()
        {
            return "非法产品库存数";
        }
}
//定义产品类
class Product{
    String ProductNo;
    String ProductName;
    String ProductClass;
    String ProductType;
        int ProductNumber;
        int MinNumber;
    double ProductPrice;
    String ProductArea;
    String SupplierCompany;
    String ProductDescript;
}
```

第七步：运行程序

在文本框中输入产品信息，单击"保存"按钮，检查 Test 数据库的 Products 表中是否已插入数据。

练习4：保存录入客户信息到指定数据库

6.5　拓展：泛型

在 Java SE 1.5 版本中提供了泛型的概念，泛型实质上是使程序员定义安全的类型。

在没有泛型的情况下，通过对类型 Object 的引用来实现参数的"任意化"，"任意化"带来的缺点是要做显式的强制类型转换，而这种转换是要求开发者在对实际参数类型可以预知的情况下进行的。对于强制类型转换错误的情况，编译器可能不提示错误，在运行的时候才出现异常。可见强制类型转换存在安全隐患，所以在此提供了泛型机制。

泛型的好处是在编译的时候检查类型安全，并且所有的强制转换都是自动和隐式的，提高代码的重用率。

6.5.1　数据类型转换

对象类型的转换在 Java 编程中经常遇到，主要包括向上转型与向下转型操作。

1. 向下转型

因为平行四边形是特殊的四边形，也就是说平行四边形是四边形的一种，那么就可以将平行四边形对象看作是一个四边形对象。例如，一只鸡是家禽中的一种，而家禽是动物中的一种，那么也可以将鸡对象看作是一个动物对象。

图 6-21 中演示了平行四边形继承四边形类的关系。

从图 6-21 可以看出,平行四边形类继承了四边形类,常规的继承图都是将顶级类设置在页面的顶部,然后逐渐向下,所以将子类对象看做是父类对象被称为"向上转型"。由于向上转型是从一个具体的类到较抽象的类之间的转换,所以它总是安全的,如可以说平行四边形是特殊的四边形,但不能说四边形是平行四边形。

2. 向上转型

通过向上转型可以推理出向下转型是将较抽象类转换为较具体的类。这样的转型通常会出现问题,例如,不能说四边形是平行四边形的一种,不能说所有的鸟都是鸽子,这非常不合乎逻辑。可以说子类对象总是父类的一个实例,但父类对象不一定是子类的实例。

如果将父类对象直接赋予子类,将会发生编译器错误,因为父类对象不一定是子类的实例。例如,一个四边形不一定就是平行四边形,也许它是梯形,也许是正方形,也许是其他带有四个边的不规则图形。图 6-22 表示这些图形的关系。

图 6-21 平行四边形继承四边形类   图 6-22 图形特性

从图 6-22 可以看出,越是具体的对象具有的特性越多,越抽象的对象反而具有的特性越少。在做向下转型操作时,将特性范围小的对象转换成特性范围大的对象肯定会出现问题,所以这时需要告知编译器这个四边形就是平行四边形。将父类对象强制转换为某个子类对象,这种方式称为显式类型转换。

当程序中使用向下转型技术时,必须使用显式类型转换,向编译器指明父类对象转换为哪一种类型的子类对象。

6.5.2 定义泛型类

在介绍泛型之前,先看一个例子。

【例 6-14】 创建 Test 类,在该类中使基本类型向上转型为 Object 类型。

```
public class Test{
    private Object b;                       //定义 Object 类型成员变量
    public Object getB(){                   //设置相应的 get×××()方法
        return b;
    }
    public void setB(Object b){             //设置相应的 set×××()方法
        this.b=b;
    }
```

```
public static void main(String[]args){
    Test t=new Test();
    t.setB(new Boolean(true));                      //向上转型操作
    System.out.println(t.getB());
    t.setB(new Float(12.3));
    Float f=(Float)(t.getB());                       //向下转型操作
    System.out.println(f);
    }
}
```

例 6-14 程序运行结果如图 6-23 所示。

图 6-23　例 6-14 运行结果

在例 6-14 中，Test 类中定义了私有的成员变量 b，它的类型为 Object 类型，同时相应地为其定义了 set×××()方法与 get×××()方法。在类的主方法中，将 new Boolean(true)对象作为 setB()方法的参数，由于 setB()方法的参数为 Object 类型，这样就实现了"向上转型"操作。同时在调用 getB()方法时，将 getB()方法返回的 Object 对象以相应的类型返回，这个就是"向下转型"操作，问题通常出现在这里。因为"向上转型"是安全的，而如果进行"向下转型"操作时用错了类型，或者没有执行该操作，例如以下代码：

```
t.setB(new Float(12.3));
Integer f=(Integer)(t.getB());
System.out.println(f);
```

并不存在语法错误，所以可以被编译器接受，但在执行时会出现 ClassCastException 异常。这样看来，"向下转型"机制通常会出现问题，泛型机制有效地解决了这一问题。

Object 类为最上层的父类，很多程序员为了使程序更为通用，设计程序时通常使传入的值与返回的值都以 Object 类型为主。当需要使用这些实例时，必须正确地将该实例转换为原来的类型，否则在运行时将会发生 ClassCastException 异常。

在 JDK 1.5 版本之后，提出了泛型机制。其语法如下：

类名<T>

其中，T 代表了一个类型的名称。

如果将例 6-14 改为定义类时使用泛型的形式，关键代码如下：

【例 6-15】　定义泛型类。

```
public class OverClass<T>{                          //定义泛型类
private T over;                                     //定义泛型类成员变量
public T getOver(){                                 //设置 get×××()方法
    return over;
}
```

```
public void setOver(T over){                                    //设置 set×××()方法
    this.over=over;
}
public static void main(String[]args){
    //实例化一个 Boolean 型对象
    OverClass<Boolean>over1=new OverClass<Boolean>;
    //实例化一个 Float 型对象
    OverClass<Float>over2=new OverClass<Float>;
    over1.setOver(true);
    over2.setOver(12.3f);
    Boolean b=over1.getOver();
    Float f=over2.getOver();
    System.out.println(b);
    System.out.println(f);
    }
}
```

运行上述代码,运行结果与图 6-23 所示的结果一致。在例 6-15 中定义类时,在类名后添加了一个<T>语句,这里便使用了泛型机制。可以将 OverClass 类称为泛型类,同时返回和接受的参数使用 T 这个类型。最后在主方法中可以使用 OverClass<Boolean>形式返回一个 Boolean 型的对象,使用 OverClass<Float>形式返回一个 Float 型的对象,使这两个对象分别调用 setOver()方法就不需要进行显式"向上转型"操作,setOver()方法直接接受相应类型的参数,而调用 getOver()方法时,不需要进行"向下转型"操作,而直接将 getOver()方法返回的值赋予相应的类型变量即可。

从例 6-15 可以看出,使用泛型定义的类在声明该类对象时可以根据不同的需求指定<T>真正的类型,而在使用类中的方法传递或返回数据类型时将不再需要进行类型转换操作,而是使用在声明泛型类对象时<>符号中设置的数据类型。

使用泛型这种形式将不会发生 ClassCastException 异常,因为在编译中就可以检查类型匹配是否正确。

观察下面的代码段:

```
OverClass<Float>over2=new OverClass<Float>;
over2.setOver(12.3f);
Integer i=over2.getOver();              //不能将 Float 型的值赋予 Integer 变量
```

在这段代码中,由于 over2 对象在实例化时已经指定类型为 Float,而最后一条语句却将该对象获取出的 Float 类型值赋予 Integer 类型,所以编译器会报错。这种问题如果使用"向下转型"操作就会在运行上述代码时发生问题。

> 💬 **说明** 在定义泛型类时,一般将类型名称使用 T 来表达,而容器的元素使用 E 来表达,具体的设置读者可以参看 JDK 5.0 以上版本的 API。

6.5.3 泛型类的常规用法

1. 定义泛型类时声明多个类型

在定义泛型类时,可以声明多个类型。语句如下:

```
MutiOverClass<T1,T2>
MutiOverClass:泛型类名称
```

其中,T1 和 T2 为可能被定义的类型。

这样在实例化指定类型的对象时就可以指定多个类型。例如:

```
MutiOverClass<Boolean,Float>=new MutiOverClass<Boolean,Float>();
```

2. 定义泛型类时声明数组类型

定义泛型类时也可以声明数组类型,如在下面的实例中定义泛型时便声明了数组类型。

【例 6-16】 定义泛型类声明数组类型。

```
public class ArrayClass<T>{
    private T[]array;//定义泛型数组

    public void SetT(T[]array){               //设置 Set×××()方法为成员数组
                                                 赋值
        this.array=array;
    }

    public T[]getT(){                          //获取成员数组
        return array;
    }

    public static void main(String[]args){
        ArrayClass<String>a=new ArrayClass<String>();
        String[]array={ "成员 1","成员 2","成员 3","成员 4","成员 5" };
        a.SetT(array);//调用 SetT()方法
        for(int i=0;i<a.getT().length;i++){
            System.out.println(a.getT()[i]);   //调用 getT()方法返回数组中的值
        }
    }
}
```

图 6-24 例 6-16 运行结果

例 6-16 运行结果如图 6-24 所示。

本例在定义泛型类时声明一个成员数组,数组的类型为泛型,然后在泛型类中相应设置 set×××()方法与 get×××()方法。

可见,可以在使用泛型机制时声明一个数组,但是不可以使用泛型来建立数组的实例。例如,下面的代码就是错误的:

```
public class ArrayClass<T>{
    private T[]array=new T[10];                //不能使用泛型类建立数组的实例
    ...
}
```

3. 集合类声明容器的元素

可以使用 K 和 V 两个字符代表容器中的键名与键值。

【例 6-17】　使用集合类声明容器的元素。

```java
import java.util.*;
public class MutiOverClass<K,V>{
    public Map<K,V>m=new HashMap<K,V>();                //定义一个集合 HashMap 实例
    //设置 put()方法,将对应的键值与键名存入集合对象中
    public void put(K k,V v){
        m.put(k,v);
    }
    public V get(K k){                                  //根据键名获取键值
        return m.get(k);
    }
    public static void main(String[]args){
        //实例化泛型类对象
        MutiOverClass<Integer,String>mu
        =new MutiOverClass<Integer,String>();
        for(int i=0;i<5;i++){
            //根据集合的长度循环将键名与具体值放入集合中
            mu.put(i,"我是集合成员"+i);
        }
        for(int i=0;i<mu.m.size();i++){
            //调用 get()方法获取集合中的值
            System.out.println(mu.get(i));
        }
    }
}
```

例 6-17 运行结果如图 6-25 所示。

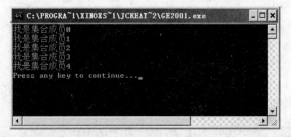

图 6-25　例 6-17 运行结果

其实在例 6-17 中定义泛型属于多此一举,因为 Java 中这些集合框架已经都被泛型化了,可以在主方法中直接使用"public Map<K,V>m＝new HashMap<K,V>();"语句创建实例,然后相应调用 Map 接口中的 put()方法与 get()方法完成填充容器或根据键名获取集合中具体值的功能。集合中除了 HashMap 这种集合类型之外,还包括 ArrayList、Vector等。表 6-4 列举了几个常用的被泛型化的集合类。

表 6-4　常用被泛型化的集合类

集 合 类	泛 型 定 义	集 合 类	泛 型 定 义
ArrayList	ArrayList<E	HashSet	HashSet<E>
HashMap	HashMap<K,V>	Vector	Vector<E

下面的实例演示了这些集合的使用方式。

【例 6-18】 使用泛型实例化常用集合类。

```java
import java.util.*;
public class AnyClass{
    public static void main(String[]args){
        //定义 ArrayList 容器,设置容器内的值类型为 Integer
        ArrayList<Integer>a=new ArrayList<Integer>();
        a.add(1);                                            //为容器添加新值
        for(int i=0;i<a.size();i++){
            //根据容器的长度循环显示容器内的值
            System.out.println("获取 ArrayList 容器的值:"+a.get(i));
        }
        //定义 HashMap 容器,设置容器的键名与键值类型分别为 Integer 与 String 型
        Map<Integer,String>m=new HashMap<Integer,String>();
        for(int i=0;i<5;i++){
            m.put(i,"成员 "+i);                              //为容器填充键名与键值
        }
        for(int i=0;i<m.size();i++){
            //根据键名获取键值
            System.out.println("获取 Map 容器的值"+m.get(i));
        }
        //定义 Vector 容器,使容器中的内容为 String 型
        Vector<String>v=new Vector<String>();
        for(int i=0;i<5;i++){
            v.addElement("成员 "+i);                         //为 Vector 容器添加内容
        }
        for(int i=0;i<v.size();i++){
            //显示容器中的内容
            System.out.println("获取 Vector 容器的值"+v.get(i));
        }
    }
}
```

例 6-18 运行结果如图 6-26 所示。

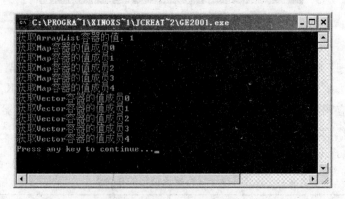

图 6-26　例 6-18 运行结果

使用泛型时需要注意:

（1）泛型的类型参数只能是类类型，不可以是简单类型，如 A＜int＞这种泛型定义就是错误的。

（2）泛型的类型个数可以是多个。

（3）可以使用 extends 关键字限制泛型的类型。

（4）可以使用通配符限制泛型的类型。

小　　结

（1）Java 以流的形式处理所有的输入/输出操作。流是随通信路径从源移动到目的地的字节序列。若程序写入流，则该程序是流的源；若程序读取流，则程序就是流的目的地。最常用的基本流是：输入/输出流。

（2）java. io. File 类是 java. lang. object 子类，能够访问文件和目录对象，描述了文件的路径、名称、大小及属性等特性，并提供许多操作文件和目录的方法。

（3）java. io. RandomAccessFile 类（随机访问文件）是 java. lang. object 子类，它是 Java 所提供的另一个支持文件输入/输出操作的类，它可以在文件内的特定位置执行 I/O 操作。

（4）FileInputStream/FileOutputStream 类是从 InputStream/OutputStream 基类派生出来的一个输入/输出流类，它可以处理简单的文件读出和写入操作。

（5）Reader 类和 Writer 类是抽象类，用来读/写字符数据流。BufferReader/BufferedWriter 分别是 Reader 类和 Writer 类的子类。为了提高输入/输出的效率，通常可用 BufferReader/BufferedWriter 包覆盖 InputStream/OutputStream 类的对象来处理字符读/写。

（6）Java 提供了两种读/写对象的流，即 ObjectInputStream 类和 ObjectOutputStream 类。ObjectInputStream 类的 readObject()方法用于从流中读对象。ObjectOutputStream 类的 writeObject()方法把对象写入流中。

（7）泛型的出现不仅可以让程序员少写某些代码，更主要的目的是解决类型安全问题，它提供了编译时的安全检查，不会因为将对象置于某个容器中而失去其类型。

本 章 练 习

1. 将文件 file1 中的内容复制到文件 file2 中。

2. 设计一个利用 System. in 和 System. out 实现输入用户名、输出欢迎信息的程序。

3. 客户登录查询产品资料时，输入用户名和密码，需要将用户名及登录日期记录在 log. txt 文件中。（说明：分别利用随机访问类和流类方式来实现）

4. 设计一个程序，实现对用户输入的文件，利用 File 类获取其路径和文件的大小，判断是否为文件、是否存在。

5. 客户信息保存在 users 数据表中，此表包含 uname、upassword、uemail 三个字段，设计一个程序，当输入用户名和密码时访问数据库实现用户登录的操作。

6. 客户信息保存在 users 数据表中，设计一个程序，实现修改用户密码的功能。

7. 设计一个程序，访问 Products 数据表，删除产品类型为"MP3"的所有产品的信息。

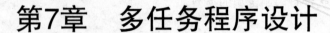

第7章　多任务程序设计

知识要点：
- 线程的生命周期
- 线程的创建
- 线程间通信

引子：为什么需要引入线程

人在同一时间可以做许多事,如在进餐的同时,还可以倾听朋友叙述的故事。在
Java 程序中为了模拟这种功能,引入了线程机制。简单地说,当程序能够同时完成多件事
情时,就是所谓的多线程程序。多线程程序应用相当广泛,使用多线程程序可以创建窗口程
序、网络程序等,比如用户在浏览网页时,网页信息是从服务器端传送过来的,服务器为了应
付多个用户同时浏览网页,就必须采用多线程技术。

7.1　任务：实现产品信息处理界面的动态显示

7.1.1　任务描述及分析

1. 任务描述

仓储管理系统的产品管理模块的产品信息录入界面已经基本完成,用户为了追求更美
观更人性化的效果,希望在界面中增加时间动态显示以及标题动态显示的效果,如图 7-1
所示。

2. 任务分析

当需要同时处理一些事务时,使用多线程是一种比较好的方案。问题中除了显示界面
元素外,还需要执行另两项任务,一是动态显示系统时间;二是动态显示窗体标题,这两项任
务需要循环执行且互不干扰,可以创建两个线程来完成。解决这个问题的步骤如下:
- 了解线程的概念。
- 学习在 Java 中创建线程的方法。
- 编写代码。

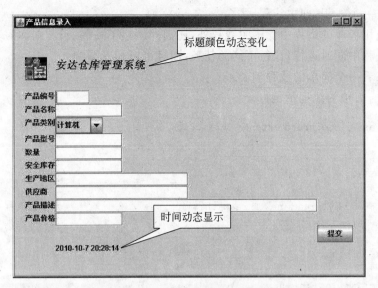

图 7-1　增加了时间和标题动态显示的产品信息录入界面

7.1.2　知识学习

1. 线程概念

具有完整功能的程序是一段静态的代码,程序的一次动态执行过程被称之为进程,它包括代码加载、执行、结束三个阶段,也即是进程的产生、发展和消亡的过程。处理器会为每次加载的进程分配一个独立的内存空间,若同一段代码被加载多次,则会被分配到不同的内存空间加以执行。

线程是 CPU 的最小执行单位,它与进程同样也有产生、发展和消亡三个阶段,一个进程在执行过程中,可以产生一个或多个线程,但这些线程共享同一个内存空间。线程间的切换是在同一内存空间进行,如图 7-2 所示。

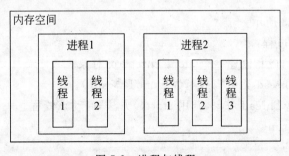

图 7-2　进程与线程

应用程序根据线程的数量又分为单线程应用程序和多线程应用程序。一个应用程序的进程中仅有一个线程称为单线程应用程序,本章之前的例子程序都是单线程的,读者会有疑问,为什么在之前的例子程序中没有看到创建线程的代码? 实际上,当程序运行时,Java 解释器会为 main()方法默认开始一个线程,这个线程通常被称为主线程,所以任何一个应用程序都至少有一个线程,即主线程。

若一个应用程序的进程中除了主线程外,还额外创建了一些线程,则称为多线程。多线程可在一个进程中同时运行,执行不同的任务,而且可以相互影响。

下面先来看一个简单的线程例子。

【例 7-1】 简单的线程示例。

```
public class aloneThread extends Thread
{
    int n;
    aloneThread()
    {
        Thread myThread= new Thread(this);                      //创建线程
        myThread.start();                                       //启动线程
    }
    public void run()
    {
        for(n=0;n<6;n++)
        {
            try
            {
                System.out.println(n);
                Thread.sleep(1000);
            }
            catch(InterruptedException e)
            {
                System.out.println("exception"+e);
            }
        }
    }
    public static void main(String args[])
    {
        new aloneThread();
    }
}
```

执行结果如图 7-3 所示。

上述程序执行的过程:

(1) 执行 main()方法,创建一个 aloneThread 类对象。

(2) 调用 aloneThread 类中构造函数 aloneThread()。

(3) 创建线程 myThread 对象,调用 start()方法,启动该线程。

(4) 执行线程体 run()。

(5) 执行 for 循环。

(6) 在屏幕上打印出数字 0～5,每打印出一个数字,会调用 sleep()让线程进入休眠状态(暂停)1000ms。

(7) 在循环过程中,若中断程序,则显示出错误信息。

从上面的例子,可以很清楚地看到线程产生、执行以及消亡的过程。在线程的整个生命周期里,有五个状态:新建、就绪、运行、阻塞和死亡,如图 7-4 所示。

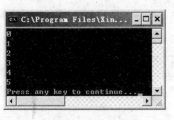

图7-3　例7-1执行结果

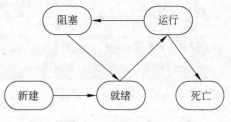

图7-4　线程的状态

- 新建状态：当线程类的实例被创建时，获得内存资源分配，进入新建状态。如上述程序中的代码行：

Thread myThread=new Thread(this);

- 就绪状态：当处于新建状态的线程被启动后，则进入了就绪状态，此时该线程已具备了运行的条件，进入线程队列等待CPU的执行。上述程序中的代码行：

myThread.start();

这个方法的调用，就使myThread线程进入了就绪状态。

- 运行状态：当就绪状态的线程被CPU调度并获得所需资源时，也就进入了运行状态。每个线程类都有一个run()方法，一旦该线程对象被系统调度执行，则自动调用该线程对象中run()方法，依次执行其中的每条语句，如上述程序代码执行的过程。
- 阻塞状态：假如线程处于睡眠、等候或正被另一个线程阻断时，则进入阻塞状态。调用sleep()方法，可以将线程转至睡眠模式，当指定的睡眠时间过后，又进入就绪状态；而调用wait()方法可以暂停线程，当线程收到notify()方法的消息，才能再次进入就绪状态；如果线程受到输入/输出操作的阻塞，只有等待输入/输出操作结束。
- 死亡状态：当run()方法执行完或将线程对象置为null值，则线程死亡，前者称为自然死亡，后者则是将线程杀死。

> 说明　当线程被阻塞的原因消除时，它会进入就绪状态。不允许调用或启动已死亡的线程。

2．创建线程

线程的创建有两种方法：一种是创建Thread类的子类；另一种方法是利用Runnable接口。

1）创建Thread类的子类

java.lang.Thread类用于在多线程应用程序中创建和执行线程。它的常用方法如表7-1所示。

如7.1.2小节第1部分的例子程序中的代码行"public class aloneThread extends Thread"创建了一个Thread类的子类aloneThread。

表 7-1　Thread 类中的常用方法

方　　法	描　　述
static Thread currentThread()	返回当前活动线程
String getName()	返回线程的名字
boolean isAlive()	判断线程是否仍在运行
boolean isInterrupted	判断线程是否被中断
void start()	启动线程,Java 虚拟机在 start()方法中调用 run()方法,以运行线程
void run()	线程的入口点
void destroy()	撤销线程,但不进行资源释放
static void sleep(long millis)	在 millis 长的时间内线程被挂起

2) 利用 Runnable 接口

如果程序员希望自己所定义的某个类,既可扩展自某个其他类,又能运行于自己的线程之中,此时,就需要通过实现 Runnable 接口来创建线程,原因是 Java 不支持多继承性。Runnable 接口中仅有一个 run()方法。从前面所学的接口知识中,可以知道接口的方法必须在实现它的类里被重载。也就是说,一旦创建了继承 Runnable 接口的类,必须在该类中编写 run()方法代码,定义线程实现的具体功能,以覆盖 Runnable 接口中的 run()方法。事实上,Thread 类也实现了 Runnable 接口。

例如,将例 7-1 程序用实现 Runnable 接口的方法来实现。

【例 7-2】　使用 Runnable 接口实现简单线程。

```java
import java.applet.Applet;
import java.awt.*;
//创建 RunnableThread 对象,扩展自 Applet 类,并实现接口 Runnable
public class RunnableThread extends Applet implements Runnable
{
    int n;
    TextField textNumber;
    public void init()
    {
        textNumber=new TextField(4);
        Thread myThread=new Thread(this);            //创建线程类对象 myThread
        add(textNumber);
        myThread.start();                            //调用 start()方法激活线程
    }
    public void run()
    {
        for(n=0;n<6;n++)
        {
            try
            {
                textNumber.setText("n is"+n);
                Thread.sleep(1000);
            }
            catch(InterruptedException e)
```

```
                {
                    textNumber.setText("exception"+e);
                }
            }
        }
    }
```

当然,还需要编写相应的 RunnableThread.html。

> **说明** 当调用 start()方法激活线程时,将执行 run()方法,处理 for 循环中文件框显示数字。

上述两个例子中分别采用了不同的创建线程方法,但在线程体 run()中都进行了异常处理,所处理的异常均为 InterruptedException 类。这时由于 run()方法一旦返回,则线程将终止。run()方法会不断检测线程自身的方式,来判断线程是否应该被终止。而当线程处于休眠状态时,需要调用 interrupt()方法来判定线程是否中断,当线程被中断会抛出 InterruptedException 类异常。

3. 创建多线程

1) 线程优先级

在日常生活中,例如火车售票窗口等经常可以看到"×××优先"的提示,那么多线程编程中每个线程是否也可以设置优先级呢?

在多线程编程中,支持为每个线程设置优先级。优先级高的线程在排队执行时会获得更多的 CPU 执行时间,得到更快的响应。在实际程序中,可以根据逻辑的需要,将需要得到及时处理的线程设置成较高的优先级,而把对时间要求不高的线程设置成比较低的优先级。

在 Thread 类中,总计规定了三个优先级,分别为:

(1) MAX_PRIORITY——最高优先级。

(2) NORM_PRIORITY——普通优先级,也是默认优先级。

(3) MIN_PRIORITY——最低优先级。

在前面创建的线程对象中,由于没有设置线程的优先级,则线程默认的优先级是 NORM_PRIORITY。在实际使用时,也可以根据需要使用 Thread 类中的 setPriority()方法设置线程的优先级,该方法的声明为

```
public final void setPriority(int newPriority)
```

假设 t 是一个初始化过的线程对象,需要设置 t 的优先级为最高,则实现的代码为

```
t.setPriority(Thread. MAX_PRIORITY);
```

这样,在该线程执行时将获得更多的执行机会,也就是优先执行。如果由于安全等原因,不允许设置线程的优先级,则会抛出 SecurityException 异常。

下面使用一个简单的输出数字的线程演示线程优先级的使用,实现的示例代码如例 7-3 所示。

【例 7-3】 输出数字的线程。

```java
public class TestPriority{
    public static void main(String[]args){
        PrintNumberThread p1=new PrintNumberThread("高优先级");
        PrintNumberThread p2=new PrintNumberThread("普通优先级");
        PrintNumberThread p3=new PrintNumberThread("低优先级");
        p1.setPriority(Thread.MAX_PRIORITY);
        p2.setPriority(Thread.NORM_PRIORITY);
        p3.setPriority(Thread.MIN_PRIORITY);
        p1.start();
        p2.start();
        p3.start();
    }
}
public class PrintNumberThread extends Thread{
    String name;
    public PrintNumberThread(String name){
        this.name=name;
    }
    public void run(){
        try{
            for(int i=0;i<10;i++){
                System.out.println(name+":"+i);
            }
        }catch(Exception e){}
    }
}
```

程序的一种执行结果如下。

```
高优先级:0
高优先级:1
高优先级:2
普通优先级:0
高优先级:3
普通优先级:1
高优先级:4
普通优先级:2
高优先级:5
高优先级:6
高优先级:7
高优先级:8
高优先级:9
普通优先级:3
普通优先级:4
普通优先级:5
普通优先级:6
普通优先级:7
普通优先级:8
普通优先级:9
```

```
低优先级:0
低优先级:1
低优先级:2
低优先级:3
低优先级:4
低优先级:5
低优先级:6
低优先级:7
低优先级:8
低优先级:9
```

在该示例程序,PrintNumberThread 线程实现的功能是输出数字,每次数字输出之间没有设置时间延迟,在测试类 TestPriority 中创建三个 PrintNumberThread 类型的线程对象,然后分别设置线程优先级是最高、普通和最低,接着启动线程执行程序。从执行结果可以看出高优先级的线程获得了更多的执行时间,首先执行完成,而低优先级的线程由于优先级较低,所以最后一个执行结束。

2) join()方法的使用

join()方法的功能就是使异步执行的线程变成同步执行。也就是说,当调用线程实例的 start()方法后,这个方法会立即返回,如果在调用 start()方法后需要使用一个由这个线程计算得到的值,就必须使用 join()方法。如果不使用 join()方法,就不能保证当执行到 start()方法后面的某条语句时,这个线程一定会执行完。而使用 join()方法后,直到这个线程退出,程序才会往下执行。例 7-4 代码演示了 join()方法的用法。

【例 7-4】

```java
public class JoinThread extends Thread
{
    public static volatile int n=0;
    public void run()
    {
        for(int i=0;i<10;i++,n++)
            try
            {
                sleep(3);                          //为了使运行结果更随机,延迟 3 毫秒
            }
            catch(Exception e)
            {
            }
    }
    public static void main(String[]args)throws Exception
    {
        Thread threads[]=new Thread[100];
        for(int i=0;i<threads.length;i++)          //建立 100 个线程
            threads[i]=new JoinThread();
        for(int i=0;i<threads.length;i++)          //运行刚才建立的 100 个线程
            threads[i].start();
        if(args.length>0)
            for(int i=0;i<threads.length;i++)      //100 个线程都执行完后继续
                threads[i].join();
```

```
        System.out.println("n="+JoinThread.n);
    }
}
```

在上例中建立了 100 个线程,每个线程使静态变量 n 增加 10。如果在这 100 个线程都执行完后输出 n,这个 n 值应该是 1000。

（1）测试 1

使用如下的命令运行上面程序:

```
java mythread.JoinThread
```

程序的运行结果如下:

```
n=442
```

这个运行结果可能在不同的运行环境下有一些差异,但一般 n 不会等于 1000。由上面的结果可以肯定,这 100 个线程并未都执行完就将 n 输出了。

（2）测试 2

使用如下的命令运行上面的代码:

在上面的命令行中有一个参数 join。其实在命令行中可以使用任何参数,只要有一个参数就可以,这里使用 join,只是为了表明要使用 join()方法使这 100 个线程同步执行。

程序的运行结果如下:

```
n=1000
```

无论在什么样的运行环境下运行上面的命令,都会得到相同的结果：n＝1000,这充分说明了这 100 个线程肯定是都执行完了,因此,n 一定会等于 1000。

7.1.3　任务实施

第一步：创建动态显示标题的线程类

```
import javax.swing.*;
import java.awt.*;
import java.util.*;

public class TitleThread extends Thread
{
    JLabel lblTitle=null;
    int i=0;
    public TitleThread(JLabel lblTitle)
    {
        this.lblTitle=lblTitle;
    }
    public void run()
    {
        while(Thread.currentThread()!=null)
        {
```

```
        //调用显示标题和日期的方法
        displayTitle();
        try
        {
            //线程休眠
            Thread.currentThread().sleep(400);
        }
        catch(InterruptedException ie)
        {
            System.out.println("thread interrupt");


        }
    }
}
//动态显示标题
private void displayTitle()
{
    if(i==4)
        i=0;
    else
        i=i+1;
    if(i%2==0)
    {
        lblTitle.setForeground(Color.blue);
    }
    else
    {
        lblTitle.setForeground(Color.red);
    }
}
}
```

第二步：创建动态显示时间的线程类

为了举例创建线程的两种方式,动态显示时间的线程类则使用实现 Runable 接口的方式创建。

```
import javax.swing.*;
import java.lang.*;
import java.util.*;
import java.text.DateFormat;
public class DateThread implements Runnable
{
    JLabel lblDate=null;
    int i=0;
    public DateThread(JLabel lblDate)
    {
        this.lblDate=lblDate;
    }
    public void run()
    {
        while(Thread.currentThread()!=null)
```

```
    {
        //调用显示日期的方法
        displayDate();
        try
        {
            //线程休眠
            Thread.currentThread().sleep(1000);
        }
        catch(InterruptedException ie)
        {
            System.out.println("thread interrupt");
        }
    }
}

//显示日期
private void displayDate()
{
    //获取当前系统日期
    Calendar cal=Calendar.getInstance();
    //创建日期对象
    Date date=cal.getTime();
    //创建日期时间格式对象
    DateFormat dfdate=DateFormat.getDateTimeInstance();
    //设置当前日期格式
    String strdatetime=dfdate.format(date);
    //显示日期时间信息
    lblDate.setText(strdatetime);
}
}
```

第三步：将动态显示标题和时间的线程类加入到产品信息录入界面程序中

在产品信息录入界面程序的构造方法中加入以下代码：

```
TitleThread titleThread=new TitleThread(this.labelTitle);
Thread dateThread=new Thread(new DateThread(this.labelDate));
titleThread.start();
dateThread.start();
```

> **说明**　TitleThread 继承了 Thread，所以可以当作线程类直接使用；而DateThread 类只是实现了 Runable 接口，使用时还需要 Thread 类来实例化。

练习：实现客户信息处理界面的动态显示

客户信息处理界面也需要实现标题动态显示和日期时间的动态显示，请为客户实现该功能。

7.2　拓展：线程间通信

7.2.1　线程通信机制

Windows 系统的多线程比起 DOS 模式下的单线程有诸多的优势，如提高 CPU 的效率、为用户同时提供多种形式的服务、可以处理多媒体数据等。而相关多线程间的通信是使多个线程正常运行的保证。

先看一个例子：苹果丰收了，果农会将苹果摘下来，分等级出售。摘苹果的时候，一个人甲将树上的苹果摘下放入筐中，树下的另一个人乙从这个筐中取苹果，依质量好坏分类放入其他筐中。甲不停摘下苹果放入筐中，乙不停地从筐中取出苹果。如果筐中苹果已取完，则乙必须等待直到甲又摘了苹果放入筐；如果筐已满，而乙还未拿走一个，甲也必须等待直到乙开始取苹果。

这个例子所描述的情景类似于两个线程间的通信，称产生数据的线程为生产者，而使用数据的线程为消费者，例子中的甲类似于生产者，而乙是消费者。一旦筐中的苹果取完后，乙会告诉甲并等待；反之，筐装满后，甲也会通知乙。那么，使用线程时，生产者完成产生数据，怎样与消费者通信；同样消费者又是通过什么方式去检查是否有数据可提供给自己呢？

线程间的通信将会用到四个方法：wait()、notify()、notifyAll()和 yield()。所有这些方法在 Object 类中声明为 final，它们只有使用 synchronized()方法才可以调用。

在多线程环境中，很可能出现多个线程同时使用同一个资源的情况。例如，对同一内存空间进行写操作，一个线程对银行账户进行修改存款金额，而另一个线程却读取该账户中的存款数据……为了避免出现多个线程间对资源访问的冲突，需要对共享资源采取同步访问的方法。

Java 提供了内建机制来防止这种冲突情况，即为特定的方法设为 synchronized（同步地）。每个对象都包含一个监视器，它自动成为对象的一部分（用户不必为其编写任何代码）。任何时候只可有一个线程拥有对象的监视器（例如，摘苹果例子中的筐就是监视器）。当对象中的任何一个 synchronized()方法被调用，对象将被锁定，该对象中的其他 synchronized()方法就不能被调用，除非第一个 synchronized()方法处理完事务并解锁。

（1）wait()方法

告诉当前线程放弃对对象监视器的控制并睡眠，直到另一个线程调用 notify()方法，该方法可用于多线程同步处理。

语法：

```
public final void wait()throws InterruptedException
```

> 💻**说明** 虽然 wait()和 sleep()都是用于延迟线程请求时间的方法，但 wait()方法可用 notify()方法恢复。

（2）notify()方法

唤醒正在等候对象监听器的单个线程。若有多个线程在等待，则任选其中一个。当然只有拥有对象监视器的线程才能使用这个方法。

语法：

```
public final void notify()
```

> 💻**说明** 可使用 notifyAll()方法唤醒所有的线程。

（3）yield()方法

yield()方法使得运行系统把当前的线程进入睡眠，并执行队列中的下一个线程。

7.2.2 Vector 类

从摘苹果的例子,可以知道先摘的苹果会放在筐底,后摘的苹果会放在最上面,而且会被先拿走,符合先进后出的规则。类似地,生产者线程产生的数据也需要依次存放的机制。在 Java 中,可以利用收集来实现多个数据对象的存放。

收集是其中包含有一组对象的对象。所包含的对象被称为元素。Java 技术支持 Vector(向量)、LinkedList、Bits、Stack、Hashtable 等收集类。这里要关注的是 Vector 类。

Vector 类类似数组,但要比数组灵活得多。数组在创建时,数组所能容纳的元素个数就已确定。Vector 类允许创建包含多个对象的动态数组,提供追加、删除、插入元素的方法。

创建 Vector 类对象的语法:

```
public Vector()
public Vector(int initcap)
public Vector(int initcap,int increment)
```

其中,initcap 是向量的初始容量,increment 则是向量容量的增长因子。

在表 7-2 中列出了 Vector 类的主要方法。

表 7-2　Vector 类的主要方法

方　法　名	描　　述
void addElement(Object n)	将新对象 n 作为向量的最后元素加入
void insertElementAt(Object n,int index)	将新对象 n 插入到 index 所指定的位置
void setElementAt(Object n,int index)	用对象 n 替换 index 处的元素
void removeElementAt(int index)	删除 index 处的元素
Object elementAt(int index)	读取 index 处的元素
int size()	返回向量中的对象个数

通过例 7-5,可以帮助大家去理解向量类的应用。

【例 7-5】

```
import java.util.*;
public class VectorTest extends Vector
{
    public VectorTest()
    {
        super(1,1);                      //创建一个 Vector 对象,初始容量为 1,增长因子为 1
    }
    public void addInteger(Integer ints)
    {
        addElement(ints);                //加入一个 Integer 类对象
    }
    public void addString(String addStr)
    {
        addElement(addStr);              //加入一个 String 类对象
```

```
    }
    public void insertString(String inStr,int index)
    {
        insertElementAt(inStr,index);          //在 index 处插入一个 String 类对象
    }
    public void displayVector()
    {
        Object obj;
        int len=size();                        //得到向量中的对象个数
        System.out.println("Number of Vector elements:"+len);
        System.out.println("They are:");
        //依次读出向量中的每个对象
        for(int i=0;i<len;i++)
        {
            obj=elementAt(i);
            System.out.println(obj.toString());
        }
    }
    public static void main(String args[])
    {
        VectorTest vec=new VectorTest();
        int num=100;
        Integer int1=new Integer(num);         //将 num 转为 Integer 类对象
        String str1="This is an object added.";
        String str2="Hi,this is an object inserted . ";
        vec.addInteger(int1);
        vec.addString(str1);
        vec.insertString(str2,1);              //在向量的第一个对象后插入 str2
        vec.displayVector();
    }
}
```

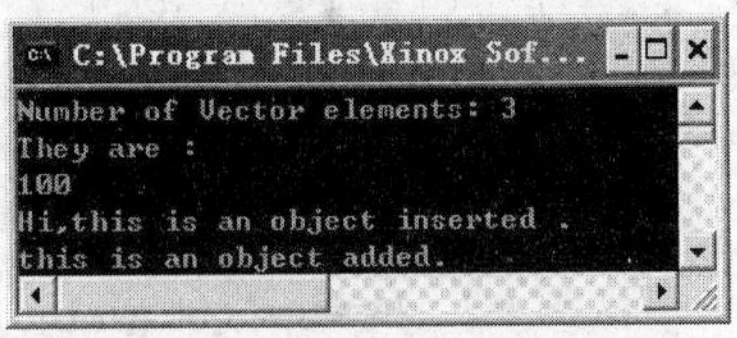

例 7-5 运行结果如图 7-5 所示。

上述程序的说明：

（1）super(1,1)用于创建向量类对象；

图 7-5　例 7-5 运行结果

（2）由于向量的 addElement、insertElementAt 方法所处理的皆为对象；如果处理的数据为非对象时；需要对其进行转换，如程序中黑体字部分；

（3）向量的 index 是从 0 开始计数的。

7.2.3　线程间通信的实现

为了理解 wait()、notify()和 synchronized()方法，用摘苹果的例子来说明如何使用这些方法。

【例 7-6】　摘苹果。

```
import java.util.*;
import java.io.*;
class Message
```

```
{
    String from;
    String message;
    public Message(String from,String message)
    {
        this.from=from;
        this.message=message;
    }
}
class myVector extends Vector
{
    BufferedReader sysInput;
    static int inApples;
    static int outApples;
    public myVector()
    {
        super(1,1);
        sysInput=new BufferedReader(new InputStreamReader(System.in));
    }
    synchronized void putApple()
    {
        System.out.println("please input name and apple number :");
        try
        {
            String from=sysInput.readLine();
            String message=sysInput.readLine();
            Message msg=new Message(from,message);
            addElement((Message)msg);            //放入产生的数据
            inApples++;                          //生产计数
            notify();                            //唤醒调用 getApple()方法的线程
        }
        catch(Exception e)
        {
            System.out.println("interruped");
        }
    }
    synchronized void getApple()
    {
        while(outApples>=inApples)               //消费数据多于生产数据,则进入睡眠
        {
            try
            {
                wait();
            }
            catch(InterruptedException e)
            {
                System.out.println("thread interruped"+e);
            }
        }
        Message msg=(Message)elementAt(inApples-1);   //取出最新的数据
        System.out.println(msg.from+":"+msg.message);
```

```
                outApples++;                    //消费计数
                notify();                        //唤醒调用 putApple 方法的另一个线程
        }
}
class thread1 implements Runnable
{
    myVector vec;
    public thread1(myVector vec)
    {
        this.vec=vec;
        new Thread(this).start();
    }
    public void run()
    {
        while(true)
        vec.putApple();
    }
}
class thread2 implements Runnable
{
    myVector vec;
    public thread2(myVector vec)
    {
        this.vec=vec;
        new Thread(this).start();
    }
    public void run()
    {
        while(true)
        vec.getApple();
    }
    public static void main(String args[])
    {
        myVector myvec=new myVector();
        new thread1(myvec);
        new thread2(myvec);
    }
}
```

线程间进行一次通信后的显示结果如图 7-6 所示。

图 7-6　例 7-6 运行结果

上述程序完成：

（1）创建一个 Message 类，作为消费者使用的数据，同样也是生产者所产生的数据。

（2）创建扩展自 Vector 类的 myVector 类，该类中定义了两个 synchronized()方法，一个是放入苹果（putApples）；另一个是取走苹果（getApples）。

（3）putApples()方法中将每次产生的数据作为元素放入 Vector 对象中。

（4）getApples()方法则从 Vector 对象中取出最新产生的数据，作为输出在屏幕上显示出来。

（5）创建线程类 thread1 和 thread2，分别调用了 putApples()和 getApples()方法。

（6）在 main()方法中创建这两个线程类的对象，激活线程。

这个例子所处理的是两个线程间的通信，假如多个线程进行通信，一旦一个线程完成数据的产生，需要通知所有等待着的线程时，可以用 notifyAll 来替代 notify()方法的实现。

7.3　拓展：多线程在游戏中的应用

计算机游戏中多线程技术的利用率是非常高的，在一个游戏场景中，几乎所有能动的对象都需要线程来控制。想象一下一个驾驶飞机战斗的游戏，游戏中玩家掌控的飞机、敌机、

图 7-7　模拟下雪场景的 Applet 程序运行效果

障碍物甚至炮弹都需要线程来控制。本文利用一个模拟下雪场景的 Applet 程序来介绍多线程在游戏中的应用。程序运行效果如图 7-7 所示。

从运行效果来看，该应用的主要难点是如何展现雪花的下落过程。众所周知，动画是由一幅一幅的画面快速显示而展现出的效果，图 7-7 所示的图片是整个雪花下落过程中的一个画面，如果每间隔一个很短的时间屏幕重新绘制一幅画面，画面中的所有雪花位置下降几个像素，展现出来的效果就是一个雪花下落的动画。

程序中每一个雪花是一个对象，程序关心的是雪花的位置和大小，所以雪花对象只需要三个属性：X 轴、Y 轴和尺寸大小。

由于需要每间隔一段时间重新绘制屏幕，所以需要创建一个线程来控制屏幕的绘制。代码如下：

```java
import java.applet.*;
import java.awt.*;
import javax.swing.*;

public class SnowThreadDemo extends Applet implements Runnable{
    final int MAX=500;
    int AppletWidth,AppletHeight;
    Partsnow[]snow;
    Image backScreen;
    Graphics drawBackScreen;
```

```java
Thread sThread;

public void init(){

    this.setBackground(Color.BLACK);
    //获取当前 Applet 的宽和高
    AppletWidth=this.getSize().width;          //不要写成 this.WIDTH,this.HEIGHT
    AppletHeight=this.getSize().height;
    //实例化数组对象
    snow=new Partsnow[MAX];
    //实例化数组元素对象
    for(int i=0;i<MAX;i++){
        snow[i]=new Partsnow(AppletWidth,AppletHeight);
    }
    //创建背景 IMAGE 对象(画布)
    backScreen=this.createImage(AppletWidth,AppletHeight);
    //获得一个 Graphics 上下文,用于画图
    drawBackScreen=backScreen.getGraphics();
}

public void start(){
    //创建线程
    sThread=new Thread(this);
    //启动线程
    sThread.start();
}

public void destory(){
    //停止线程
    sThread=null;
}

public void update(Graphics g)
{
    paint(g);
}

public void paint(Graphics g){
//画出背景,第四个参数 ImageObserver observer 图像变化要通知的对象,当前例中就是
//Applet 类
    g.drawImage(backScreen,0,0,this);
}

public void run(){
    int Wx=0;
    int Wp=0,Sp=10;
    int y=0;

    while(true){
        //清除画面
        drawBackScreen.clearRect(0,0,AppletWidth,AppletHeight);
```

```
                    //设置画面内容颜色
            drawBackScreen.setColor(Color.white);

                    //画欢迎信息
            drawBackScreen.drawString("welcome to snow world",20,20);
                    //画背景图片
    drawBackScreen.drawImage(this.getImage(SnowThreadDemo.class.getResource("Bird.
    gif")),30,30,this);

                    //用雪花填充整个画面
            for(int i=0;i<MAX;i++){
                    //用前面指定颜色,填充椭圆形区域(画雪花)
    drawBackScreen.fillOval((int)snow[i].X,(int)snow[i].Y,(int)snow[i].part_size,
    (int)snow[i].part_size);
                    //设定下一片雪花的坐标
            snow[i].X+=Wx/snow[i].part_size;                //横向定量改变
            snow[i].Y+=snow[i].part_size;                   //纵向定量改变,不断增加

                    //当Y坐标值大于Applet的高度时,重新获初始坐标和雪花尺寸
            if(snow[i].Y>AppletHeight){
                snow[i].reCreateSnow(AppletWidth,AppletHeight);
            }

            }
            //横向微变,使得雪花下得更逼真
            if(Wp>0)
                Wp--;
            else if(Wp==0)
            {
                Sp--;
                Wx=0;
                if(Sp==0)
                {
                    Wx=(int)(Math.random() * 3);
                    Wp=10;
                    Sp=10;
                }
            }
        //重画
        repaint();
        try{
            //休眠200ms
            Thread.sleep(200);

        }catch(InterruptedException e){
            e.printStackTrace();
        }

        }

    }
```

```
//雪花类
class Partsnow{
    double X,Y,part_size;
    public Partsnow(int x,int y){

    reCreateSnow(x,y);
    }

    //获得雪花的坐标和尺寸大小
    public void reCreateSnow(int x,int y){
        //Math.random()返回一个小于 1 的 double 数
        //获得一个横向坐标值
        X=Math.random() * x;

        //纵向变化从负值开始,即从屏幕边界上方开始出现雪花
        Y=-Math.random() * y;

        //雪花尺寸
        part_size=Math.random() * 5+1;
    }
  }
}
```

小　结

（1）进程是程序的一次动态执行过程,进程的生命周期包括产生、发展和消亡三个阶段。

（2）线程是一个比进程更小的可执行单位,与进程相同,它也有产生、发展和消亡三个阶段。

（3）一个进程在执行过程中,可以产生一个或多个线程,但这些线程共享同一个内存空间。

（4）线程又分为单线程和多线程。一个进程中仅有一个线程称为单线程。若一个进程中有多于一个线程时,则称为多线程。单线程应用程序在某一时刻仅能执行一个任务,而多线程可在一个进程中同时运行,执行不同的任务,而且能相互影响。

（5）Java 具有支持内置线程的特性。Java 程序的主要结构是多线程。

（6）在线程生命周期里,有五个状态:新建、就绪、运行、阻塞和死亡。

（7）创建线程有两种方法:

① 通过扩展 Thread 类,实现应用程序和类运行于一个单独的线程中。语法如下:

public class<类名>extends Thread

② 当应用程序需要从 Thread 类以外的类继承时,就应实现 Runnable 接口。语法如下:

public class<类名>extends JApplet implements Runnable

（8）线程间的通信需要用到的方法：wait()、notify()、notifyAll()和 yield()。所有这些方法在 Object 类中声明为 final。

（9）为了避免出现多个线程间对资源访问的冲突，Java 提供了内建机制以防止冲突出现，即为特定的方法设为 synchronized(同步地)。当对象中的任何一个 synchronized()方法被调用，对象将被锁定，该对象中的其他 synchronized 方法就不能被调用，除非第一个 synchronized()方法处理完事务并解锁。

（10）收集是其中包含有一组对象的对象。Java 技术支持 Vector(向量)、LinkedList、Bits、Stack、Hashtable 等收集类。Vector 类允许创建包含多个对象的动态数组，提供追加、删除、插入元素的方法。

本 章 练 习

1. run()、start()、sleep()三种方法的作用是什么？

2. 宽带数据公司的客户服务系统的 Applet 上，需要显示该公司的主要业务：电话 Modem 接入、以太网接入、ADSL 接入和无线接入，并应周期性地改变其显示的颜色。

3. 编写一个线程间的通信程序，实现甲向乙发短信，每当达到十条短信时，乙会一次性将短信读取。

第8章　远程数据访问实现

知识要点：

- 客户/服务器模型
- 网络协议
- 套接字
- ServerSocket 和 Socket

引子：在 Java 中实现远程访问容易吗

所谓远程访问，即同一台机器的两个进程间或者不同机器的进程间的通信过程。这样的应用普遍存在，比如用户使用浏览器访问 Web 网页，这个就是典型的进程间通信的过程，其中发起访问请求的浏览器是一个进程，被访问的 Web 服务器是另一个进程。通常把发起访问请求的进程称为客户，把被访问的进程称为服务器，所以这种一个进程发起访问请求，另一个进程接收访问请求所构成的系统被称为客户/服务器架构系统。

在 Java 中实现远程数据访问即实现客户/服务器架构系统看起来是一个很难的事情，就好比两个人在一间屋子内交谈是很简单的，但两个人在不同地方，要实现很好的交谈就不是那么容易了，在这种情况下，就需要一些工具来帮助，比如电话。在 Java 中实现客户/服务器系统也有类似于电话这样的工具，这类工具被称为基础平台，有了这些基础平台，实现远程数据访问就是轻而易举的事情了。

8.1　任务：设计用户远程登录模块

8.1.1　任务描述及分析

1. 任务描述

仓储管理系统的用户中有一部分是业务经理和销售人员，他们经常出差在外，需要能够远程查看到产品的库存等信息，同时从数据安全角度出发，这些人员在查看产品信息之前必须使用用户名和密码登录。现在需要为用户提供一个远程登录的功能。

2．任务分析

远程登录的过程如图 8-1 所示。

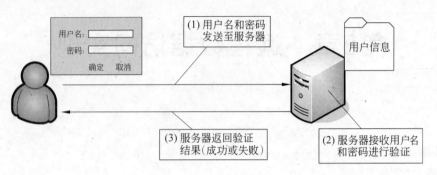

用户名：
密码：
确定　取消

(1) 用户名和密码发送至服务器

用户信息

(3) 服务器返回验证结果(成功或失败)

(2) 服务器接收用户名和密码进行验证

图 8-1　用户远程登录过程

远程登录的特点在于登录程序和包含用户名、密码信息的数据不在一个地方，登录程序要验证用户的合法性，需要将用户名和密码发送至远程服务器，远程服务器接收到用户名、密码后搜索本地的用户信息文件，对该用户进行合法性验证，验证结果再远程返回至登录程序。这样一个过程所体现出来的应用程序架构就是典型的客户/服务器架构。

通过对图 8-1 的了解，其实远程登录的难点就在于客户端如何发送数据到服务器，服务器如何接收数据，然后再返回验证结果，概括地说就是双方如何传送数据。本章引文中说过，因为有基础平台，在 Java 中实现客户/服务器架构程序是很简单的事情，也就是说可以借助类似电话这样的基础平台来传送数据。这些基础平台就包括网络协议、套接字以及 Java 的网络类库。

解决该任务的主要步骤如下：
- 了解网络协议。
- 了解套接字。
- 学习 Java 网络类库。
- 设计用户远程登录模型。

8.1.2　知识学习

1．网络协议

网络协议规定了计算机之间连接的物理、机械(网线与网卡的连接规定)、电气(有效的电平范围)等特征以及计算机之间的相互寻址规则、数据发送冲突的解决、长的数据如何分段传送与接收等。

网络通信是一个复杂的工程，因此网络的层次结构这个概念就应运而生了。网络的实现人员把网络划分为几个层次，每一层完成相对独立的工作。每一层向比它更高的层提供一些接口，为高层提供服务。在 Internet 网上使用的 TCP/IP 协议簇是网络分层结构的杰出代表，是一个应用广泛的模型，如图 8-2 所示。
TCP/IP 协议簇是以传输控制协议 TCP 和网际协议
IP 为核心的一组协议。

1) IP 协议

IP 是 Internet Protocol 的简称，意思是"网络之
间互联的协议"，也就是为计算机网络相互连接并进
行通信而设计的协议。在因特网中，IP 协议规定了
计算机在因特网上进行通信时应当遵守的规则，从
而能使连接到网上的所有计算机实现相互通信。任
何厂家生产的计算机系统，只要遵守 IP 协议就可以
与因特网互联互通。因此，IP 协议也可以称做"因特
网协议"。

| 应用层(Telnet、SMTP、HTTP、FTP...) |
| 传输层(TCP、UDP) |
| 网络层(IP、ICMP、IGMP、ARP、RARP) |
| 数据链路层和物理层 |

图 8-2　TCP/IP 协议参考模型

IP 协议中还有一个非常重要的内容，那就是给因特网上的每一个可访问的对象都规定
了一个唯一的地址，叫做"IP 地址"。由于有这种唯一的地址，才保证了用户在联网的计算
机上操作时，能够高效且方便地从千千万万台计算机中定位自己所需要的对象。

IP 地址在计算机内部的表现形式是一个 32 位的二进制数，实际表现为一个四点格式
的数据，有点号(.)将数据分为 4 部分，比如 211.184.22.3，每个数字代表一个 8 位二进制
数，总共 32 位，刚好是一个 IP 地址的位数。这 4 个数字中，每一个数字都不能超过 255，因
为一个 8 位二进制数的最大值为 255。

2) TCP 与 UDP 协议

在 TCP/IP 协议簇中，有两个高级协议是网络程序编写者应该了解的，即"传输控制协
议"(TCP)与"用户数据报协议"(UDP)。

TCP 协议是一种以面向连接的协议，面向连接的通信是指，通信双方在交换数据前要
建立一个连接(connect)，交换完毕后断开连接(disconnect)。它提供两台计算机之间可靠
的数据传送。TCP 可以保证从一端数据送至另一端时，数据能够准确送达，而且抵达的数
据的排列顺序和送出时的顺序相同，因此，TCP 协议适合可靠性要求比较高的场合，如文件
传送等。

UDP 是面向无连接的协议，不保证可靠数据的传输，但能够向若干个目标发送数据，接
收发自若干个源的数据。采用 UDP 协议传送数据，接收方接收的数据的排列顺序和送出
时的顺序不一定相同，且有可能部分数据丢失。因此，UDP 协议适合于一些对数据准确性
要求不高的场合，如网络聊天室、在线影片等。

2. 套接字

套接字不是一个硬件概念，它包含主机地址与服务端口号，主机地址就是客户程序或服
务器程序所在的主机的 IP 地址，端口则是主机彼此通信时所用的通道。套接字可以理解为
客户机与服务器之间连线的两端。客户机/服务器的通信基于套接字(Socket)，客户程序创
建客户套接字，服务器也有服务器的套接字。双方的套接字连接起来后，数据通过这一链接
来传送。图 8-3 说明了客户/服务器通信模式。

套接字中的端口被规定为一个在 0～65535 之间的整数。TCP/IP 模型中的应用层协

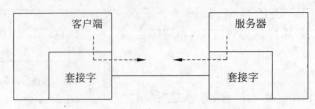

图 8-3　客户/服务器通信模式

议使用一些"著名"(well-known)端口,比如 HTTP 协议使用 80 端口等。也就是说,特定的协议总是使用对应的著名端口。著名端口一般取值在 0~255 之间。所以自定义的端口尽量不要在这个范围之内,以免引起冲突。表 8-1 列出了几个常用协议所使用的端口。

表 8-1　常用协议所使用的端口列表

端口号	应　　用	端口号	应　　用
21	FTP 用于传输文件	67	BOOTP 用于提供引导时配置
23	Telnet 用于远程登录	80	HTTP 用于 Web 服务
25	SMTP 用于邮件服务	109	POP 用于远程访问邮件

3. Java 网络类

Java 中有关网络方面的功能都定义在 java.net 程序包中。Java 所提供的网络功能可大致分为三大类。

(1) URL 类和 URLConnection 类,这是三大类功能中最高级的一种。利用 URL,Java 程序可以直接读取网络上的数据,或者把自己的数据传送到网络的另一端。

(2) Socket 类,即套接字,可以认为它是两个不同程序通过网络进行数据交换的通道。利用 Socket 进行通信是传统网络程序中最常用的方法。一般在 TCP/IP 网络协议下的客户/服务器软件都采用 Socket 作为交互的方式。

(3) Datagram 类,是 Java 网络功能中最简单的一种。其他网络数据的传送方式,都在程序执行时建立了一条安全稳定的通道。但是以 Datagram 的方式传送数据时,只是把数据的目的地记录在数据包中,然后直接放在网络上传输,系统不保证数据一定能够安全送达,也不保证什么时候到,也就是说,Datagram 不能保证传送质量。

8.1.3　任务实施

第一步:确定远程登录程序所使用的通信协议

远程登录程序是一个典型的客户/服务器架构程序,客户与服务器之间的数据传送需要一个可靠的数据链路,所以采用基于 TCP 的网络通信协议,即利用 Socket 类编写通信程序。

第二步:确定远程登录客户/服务器设计模型

利用 TCP 协议进行通信的两个应用程序是有主次之分的,一个称为服务器程序,一个称为客户机程序,两者的功能和编写方法大不一样。远程登录客户/服务器设计模型如

图 8-4 所示。

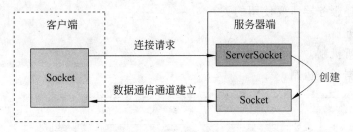

图 8-4 远程登录客户/服务器设计模型

服务器程序首先创建一个 ServerSocket(服务器端套接字),调用 accept()方法等待客户端发送连接请求;客户端程序创建一个 Socket,请求与服务器建立连接;服务器接收客户端的连接请求,同时创建一个新的 Socket 与客户建立连接,随后,服务器继续通过 ServerSocket 等待新的请求。

练习 1:设计用户远程查看产品信息模块

产品信息包括:产品号、产品名称、产品类别、产品型号、产品库存量、安全库存量、产品价格、产品产地、供应商编号、产品描述。

8.2 任务:实现用户远程登录模块的服务器

8.2.1 任务描述及分析

1. 任务描述

要开发用户登录模块中的服务器端应用,以实现远程用户登录。服务器程序需要用 Java 来开发,以下是服务器功能:

- 服务器应能够接收远程客户机上发来的用户登录信息。
- 服务器应能够验证用户名和密码。
- 服务器是多线程的,能够同时满足多个客户机的访问。
- 服务器在端口 2001 上运行。

2. 任务分析

从问题陈述中,可以知道主要需要解决的是实现一个服务器程序,它能够处理多个客户端的请求。

从图 8-4 远程登录客户/服务器设计模型中可以知道,服务器程序首先创建 ServerSocket 套接字对象监听客户机发来的请求,一旦有请求过来,ServerSocket 套接字对象随即创建一个 Socket 与客户端建立通信连接。该过程针对一个客户端是没有问题的,但是客户端的数量可能是多个,也就是说可能有多个请求先后或者同时发送至服务器,为了提高服务器的执行效率,可以引入多线程机制,即当客户请求过来时,服务器端程序创建一个线程为客户端提供通信服务,而服务器套接字继续监听客户的请求。如图 8-5 所示。完成该任务的主要步骤如下：
- 确定创建服务器所要使用的类。
- 创建服务器。
- 确定监听机制。
- 确定数据通信机制。

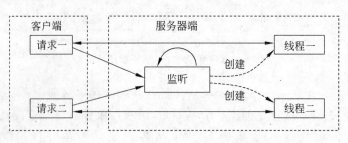

图 8-5　基于多线程机制的服务器端

8.2.2　知识学习

1. ServerSocket 类

java. net 包中的 ServerSocket 类用于表示服务器套接字，其主要功能是等待来自网络上的"请求"，它可以通过指定的端口来等待客户端套接字的连接请求。服务器套接字一次可以与一个客户端套接字连接。如果多台客户机同时提出连接请求，服务器套接字会将请求连接的客户机存入队列中，然后从中取出一个套接字，与服务器新建的套接字连接起来。若请求连接数大于最大容纳数，则多出的连接请求被拒绝。队列的默认大小是 50。表 8-2提供了 ServerSocket 构造函数和常用方法列表。

表 8-2　ServerSocket 构造函数和常用方法列表

返 回 值	方　　法	目　　的
无	ServerSocket(int port)	在指定端口建立一个服务器套接字。有多个请求时，来不及处理的请求存入队列。本构造函数构造的套接字存放连接请求的列长为 50。如果队列已满，到达的请求将被拒绝
无	ServerSocket（int　port, int backlog）	在指定端口建立一个服务器套接字。backlog 是存放连接请求的队列长
无	ServerSocket（int　port, int backlog, InetAddress bind-Addr）	在指定端口建立一个服务器套接字。backlog 是存放连接请求队列长。本构造函数适用于有多个 IP 地址的主机，bindAddr 指定仅接受对某一地址的连接
Socket	accept()	使服务器套接字监听客户连接并接收它。并创建一新的套接字与客户建立连接
InetAddress	getInetAddress()	返回服务器套接字的本地主机地址
int	getLocalPort()	返回正在监听的端口
void	close()	关闭服务器套接字
String	toString()	返回服务器套接字的 IP 地址和端口号

> **说明** accept()方法是阻塞方式,当有连接请求过来时才执行返回。它将创建一个新的套接字与客户套接字建立通信,所以当有很多请求发往服务器时,服务器套接字(ServerSocket)将创建多个新的套接字与不同的客户进行通信。这就需要引入多线程的技术。如果在建立连接过程中发生任何异常,都将抛出 IOException。

2. 套接字的I/O操作

客户端的套接字和服务器端的套接字建立连接之后,接下来应该做的就是接收或者发送数据给对方,这个过程就好比打电话,电话拨号建立连接之后,双方只需要对着话筒说话,耳朵贴着听筒听声音就可以了。这里的套接字就相当于电话,客户端和服务器端需要发送和接收数据,就只需要对本地的套接字进行输入/输出就可以了,这样,本来是网络输入/输出的操作就变成了本地的输入/输出操作了,即转变成类似于第6章的文件 I/O。

Socket 类提供了 getInputStream() 和 getOutputStream() 方法,通过这两个方法获得输入流 InputStream 和输出流 OutputStream,通过流对象对套接字进行输入/输出操作,完成数据的接收和发送。如果需要以特殊的形式进行数据的输入/输出,可以对输入流和输出流进行封装,如封装成 DataInputStream、DataOutputStream 或者 ObjectInputStream、ObjectOutputStream。

8.2.3 任务实施

第一步:创建服务器类

创建的 MyServer 服务器类是一个线程类,在构造函数中,创建一个 ServerSocket 类对象,调用 start() 方法启动监听线程。

代码如下:

```
class MyServer extends Thread
    {
    public MyServer()
    {
        try
        {
            //创建 ServerSocket 对象,监听端口为 2001
            serverSocket=new ServerSocket(2001);
        }
        catch(IOException e)
        {
            System.out.println("server is not start"+e);
        }
        System.out.println("Server is listening…");
        this.start();                                //启动监听线程
    }
    public static void main(String[]args)
    {
        new MyServer();
```

```
    }
}
```

第二步：确定监听机制

服务器的监听线程主要进行监听工作，一旦接收到客户请求，将会创建一线程来处理与客户的数据传输，而自己继续监听。所以监听线程内部其实是一个无限循环的过程。

在这个过程中，调用 ServerSocket 类的 accept()方法执行监听，该方法一旦返回，就说明已经接收到一个客户的请求。然后创建一 DataCommutation 线程对象，把由 ServerSocket 对象创建的套接字对象以构造函数参数的形式传递给该 DataCommutation 对象，由该线程对象具体处理与客户端的数据通信。

打个比喻，ServerSocket 对象好比饭店门口的礼仪小姐，当有顾客进来时，就领顾客进门，然后招呼一位服务员为顾客提供餐饮服务，这里的服务员就相当于 DataCommutation 线程对象，接下来，礼仪小姐继续回到饭店门口等待下一位顾客。

监听线程处理代码如下：

```
public void run()
{
    try
    {
        while(true)                              //无限循环
        {
            //调用了阻塞方式的 accept()方法
            Socket client=serverSocket.accept();
            //一旦 accept()接收到客户请求返回,创建 DataCommutation 对象
            DataCommutation com=new DataCommutation(client);
            com.start();
        }
    }
    catch(IOException e)
    {
        System.out.println("listening is error"+e);
    }
}
```

第三步：确定数据通信机制

DataCommutation 线程类主要是在服务器与客户端套接字建立好连接之后，负责与客户端的一切通信工作。在这里要做的就是从客户端接收用户名和密码，然后负责对用户名、密码进行验证，随后将验证结果返回至客户端。用户信息存储在 user.dat 文件中。

数据通信包括数据的输入/输出操作，在该任务中，用户名和密码将被封装在 User 对象中传送至服务器端，服务器端将以 ObjectInputStream 流对象接收 User 对象。

由于返回的验证结果为字符串：success（成功）或 failure（失败），因此输出到客户端的输出流将封装为 DataOutputStream 流对象。

DataCommutation 线程类代码如下：

```
class DataCommutation extends Thread
```

```
{
    User user=null;
    //定义对象输入流类
    ObjectInputStream streamFromClient=null;
        //定义对象输出流
        DataOutputStream streamToClient=null;
        public DataCommutation(Socket inFromClient)
        {
            try
            {
                //将套接字对象输入流创建为对象输入流
                streamFromClient=new ObjectInputStream(inFromClient.getInputStream());
                //将套接字对象输出流创建为数据输出流
                streamToClient=new DataOutputStream(inFromClient.getOutputStream());
                try
                {
                    //从输入流读取对象
                    user=(User)streamFromClient.readObject();
                }
                //捕捉异常
                catch(InvalidClassException e)
                {
                    System.out.println("serialize the Customer class take error"+e);
                }
                catch(NotSerializableException e)
                {
                    System.out.println("this customer object is not Serializable"+e);
                }
                catch(IOException e)
                {
                    System.out.println("Reading from the client stream take error"+e);
                }
            }
            catch(Exception e)
            {
                System.out.println("Cannot get the client stream"+e);
            }
        }
    public void run()
    {
        try
            {
//创建文件输入流对象,user.dat是存放用户信息的文件
        FileInputStream fp=new FileInputStream("user.dat");
                //将文件输入流创建为对象输入流
ObjectInputStream streamInputFile=new ObjectInputStream(fp);
                //遍历整个文件,匹配用户名和密码
                boolean validateResult=false;
                try
                {
                    User r_user=(User)streamInputFile.readObject();
```

```
                    while(r_user!=null)
                    {
                        //匹配用户名和密码
                        if(r_user.u_name.equals(user.u_name)&&

        r_user.u_password.equals(user.u_password))
                        {
                            validateResult=true;
                            break;
                        }
                        else
                        {
                            //继续读下一个用户
                            r_user= (User)streamInputFile.readObject();
                        }
                    }
                }
                catch(EOFException eof)
                {
                    //读到文件末尾将引发 EOFException,不做处理,
                    //直接进入 finally 代码块
                }
                finally
                {
                    if(validateResult==true)
                    {
                        //验证正确,向客户端输出 success
                        streamToClient.writeUTF("success");
                    }
                    else
                    {
                        //验证错误,向客户端输出 failure
                        streamToClient.writeUTF("failure");
                    }
                    streamToClient.flush();
                    //关闭流对象
                    streamInputFile.close();
                    fp.close();
                }
            }
        catch(IOException e)
        {
            System.out.println("Cannot write the file stream"+e);
        }
    catch(ClassNotFoundException e2)
    {
        System.out.println(e2);
    }
    catch(Exception e3)
    {
        System.out.println(e3);
```

```
        }
    }
}
```

第四步：创建 User 类

User 类包括三个属性：用户名、密码和邮件地址。代码如下：

```
class User implements java.io.Serializable
{
    public String u_name;
    public String u_password;
    public String u_email;
}
```

练习 2：实现用户远程查看产品信息模块的服务器

要开发用户远程查看产品信息模块中的服务器端应用。服务器程序需要用 Java 来开发，以下是服务器功能：

（1）服务器应能够接收远程客户机上发来的产品号。

（2）服务器应能够根据产品号查找对应的产品信息，并返回至客户端。

（3）服务器是多线程的，能够同时满足多个客户机的访问。

（4）服务器在端口 2001 上运行。

8.3 任务：实现用户远程登录模块的客户端

8.3.1 任务描述及分析

1. 任务描述

用户远程登录界面已经生成，现在需要确定按钮触发处理程序。即当用户填写完登录信息后，单击"登录"按钮，登录用户名和密码应该发送到远程服务器端，由服务器程序验证用户名和密码的正确性，并返回验证结果。

2. 任务分析

根据任务描述，可以知道其主要需要解决的问题是创建一个客户端应用程序连接服务器，将数据登录信息发送至服务器程序。

主要流程可以描述成以下几点：

- 打包数据。将注册信息打包成一个类对象，即实现面向对象中的封装特性。
- 连接服务器程序。通过 Socket 向服务器发送连接请求。
- 发送数据。连接一旦建立成功，发送登录信息给服务器。
- 接收验证结果。发送登录信息后，随时接收服务器端返回的验证结果，并根据验证结果弹出提示信息。

8.3.2　知识学习

下面介绍如何创建客户端类。

创建客户机的过程就是创建 Socket 对象。Socket 类包含的构造函数和基本方法如表 8-3 所示。

表 8-3　Socket 类包含的构造函数和基本方法

方　　法	描　　述
public Socket(InetAddress address,int port)	建立一个流套接字并把它连接到地址为 address 的主机的指定端口。port 为端口号
public InetAddress getInetAddress()	返回套接字所连接的远程主机地址
public InputStream getInputStream()	返回该套接字的输入流
public InetAddress getLocalAddress()	返回套接字连接的本地主机地址
public int getLocalPort()	返回套接字所连接的本地主机端口
public OutputStream getOutputStream()	返回该套接字的输出流
public int getPort()	返回套接字所连接的远程主机端口

其中构造函数是关键,它的主要作用是建立与指定服务器和端口的连接。它接收两个参数,IP 地址和服务器监听端口号。

```
Socket clientSocket=new Socket("172.16.10.1",2001);
```

在上述语句中,服务器 IP 地址为 127.16.10.1,服务监听端口号为 2001。如果服务器在本机,可以使用 172.0.0.1。当然也可以使用主机名如 localhost。

连接服务器成功之后,主要就是对数据进行读(接收)、写(发送)。客户端对套接字读/写数据过程与服务器的读写操作正好相反。在该任务中,用户名和密码将被封装在 User 对象中,以 ObjectOutputStream 流对象输出。从服务器返回的验证结果,客户端将以 DataInputStream 流对象接收。

8.3.3　任务实施

客户端代码如下:

```
import javax.swing.*;
import java.awt.*;
import java.awt.event.*;
import java.net.*;
import java.io.*;
import java.util.*;

public class MyClient extends javax.swing.JFrame implements ActionListener
{
    static JPanel panel;
    Container content;
```

```
JLabel labelUserName;
JLabel labelPwd;

JTextField textUserName;
JTextField textPwd;

JButton buttonSubmit;
GridBagLayout gl;
GridBagConstraints gbc;
public MyClient()
{
    gl=new GridBagLayout();
    gbc=new GridBagConstraints();
    content=getContentPane();
    content.setLayout(gl);

    labelUserName=new JLabel("用户名:");
    labelPwd=new JLabel("密码");

    textUserName=new JTextField(5);
    textPwd=new JTextField(10);

    buttonSubmit=new JButton("登录");

    gbc.anchor=GridBagConstraints.NORTHWEST;
    gbc.gridx=1;
    gbc.gridy=5;
    gl.setConstraints(labelUserName,gbc);
    content.add(labelUserName);

    gbc.anchor=GridBagConstraints.NORTHWEST;
    gbc.gridx=4;
    gbc.gridy=5;
    gl.setConstraints(textUserName,gbc);
    content.add(textUserName);

    gbc.anchor=GridBagConstraints.NORTHWEST;
    gbc.gridx=1;
    gbc.gridy=8;
    gl.setConstraints(labelPwd,gbc);
    content.add(labelPwd);

    gbc.anchor=GridBagConstraints.NORTHWEST;
    gbc.gridx=4;
    gbc.gridy=8;
    gl.setConstraints(textPwd,gbc);
    content.add(textPwd);

    gbc.anchor=GridBagConstraints.NORTHWEST;
    gbc.gridx=8;
    gbc.gridy=23;
```

```
        gl.setConstraints(buttonSubmit,gbc);
        content.add(buttonSubmit);

        buttonSubmit.addActionListener(this);

        this.setSize(300,300);
        this.setVisible(true);
    }

    public void actionPerformed(ActionEvent evt)
    {
        Object obj=evt.getSource();
        if(obj==buttonSubmit)
        {
            User user=new User();
            user.u_name=this.textUserName.getText();
            user.u_password=this.textPwd.getText();

            //创建 Socket,连接服务器,将登录信息封装为对象,写入输出流
            try
            {
                Socket toServer=new Socket("127.0.0.1",2001);
                //输出流
                ObjectOutputStream streamToServer=new ObjectOutputStream(toServer.
                getOutputStream());
                    //输入流
                DataInputStream streamFromServer=new DataInputStream(toServer.getInput-
                Stream());
                    //发送登录信息
                streamToServer.writeObject(user);
                //接收服务器端的验证结果
                String validateResult=streamFromServer.readUTF();
                if(validateResult.equals("success"))
                {
                    //验证成功
                    javax.swing.JOptionPane.showMessageDialog(this,"登录成功");
                }
                else
                {
                    //验证失败
                    javax.swing.JOptionPane.showMessageDialog(this,"验证错误,请重新
                    输入用户名和密码");
                }
            }
            catch(InvalidClassException e)
            {
                System.out.println("The Customer class is invalid"+e);
            }

                catch(NotSerializableException e)
            {
                System.out.println("The customer is not serializable"+e);
```

```
        }
        catch(IOException e)
        {
            System.out.println("Cannot write to the server"+e);
        }
    }
}
    public static void main(String[]args)
    {
        new MyClient();
    }
}
```

练习3：实现用户远程查看产品信息模块的客户端

创建用户远程查看产品信息客户端，客户端要求用户输入产品号，单击"查询"按钮，客户端将能够从服务器端获取相应产品信息并显示出来；如果没有该产品号信息，则弹出提示框提示用户不存在该产品信息。

8.4　拓展：数据报（UDP）通信

数据报（Datagram）是网络层数据单元在介质上传输信息的一种逻辑分组格式，它是一种在网络中传播的、独立的、自身包含地址信息的消息，它能否到达目的地，到达的时间、到达时的内容是否会变化，是不能准确知道的。它的通信双方是不需要建立连接的，对于一些不需要很高质量的应用程序来说，数据报通信是一个非常好的选择。在Java的java.net包中有两个类DatagramSocket和DatagramPacket，为应用程序中采用数据报通信方式进行网络通信。

下面，详细解释在Java中实现客户端与服务器之间数据报通信的方法。

（1）首先要建立数据报通信的Socket，可以通过创建一个DatagramSocket对象来实现，在Java中DatagramSocket类有如下两种构造方法。

① public DatagramSocket()：构造一个数据报Socket，并使其与本地主机任一可用的端口绑定。若打不开Socket，则抛出SocketException异常。

② public DatagramSocket(int port)：构造一个数据报Socket，并使其与本地主机指定的端口绑定。若打不开Socket或Socket无法与指定的端口绑定，则抛出SocketException异常。

（2）创建一个数据报文包，用来实现无连接的包传送服务。每个数据报文包用DatagramPacket类来创建，DatagramPacket对象封装了数据报包数据、包长度、目标地址、目标端口。作为客户端要发送数据报文包，要调用DatagramPacket类以如下形式的构造函数创建DatagramPacket对象，将要发送的数据和包文目的地址信息放入对象之中。

DatagramPacket(byte bufferedarray[],int length,InetAddress address,int port)：构造一个包长度为length的包传送到指定主机指定端口号上的数据报文包，参数length必须小于、等于bufferedarry.length。

DatagramPacket类提供了四个方法来获取信息：

- public byte[]getData()：返回一个字节数组,包含收到或要发送的数据报中的数据。
- public int getLength()：返回发送或接收到的数据的长度。
- public InetAddress getAddress()：返回一个发送或接收此数据报包文的机器的 IP 地址。
- public int getPort()：返回发送或接收数据报的远程主机的端口号。

（3）创建完 DatagramSocket 和 DatagramPacket 对象,就可以发送数据报文包了。发送是通过调用 DatagramSocket 对象的 send 方法实现,它需要以 DatagramPacket 对象作为参数,将刚才封装进 DatagramPacket 对象中的数据组成数据报发出。

（4）当然,程序也可以接收数据报文包,为了接收从服务器返回的结果数据报文包,需要创建一个新的 DatagramPacket 对象,这就需要用到 DatagramPacket 的另一种构造方式 DatagramPacket(byte bufferedarray[],int length),即只需指明存放接收的数据报的缓冲区和长度。调用 DatagramSockct 对象的 rccivc()方法来完成接收数据报的工作,此时需要将上面创建的 DatagramPacket 对象作为参数,该方法会一直阻塞直到收到一个数据报文包,此时 DatagramPacket 的缓冲区中包含的就是接收到的数据,数据报文包中也包含发送者的 IP 地址,发送者机器上的端口号等信息。

（5）处理接收 DatagramPacket 对象中的数据,获取服务结果。

（6）当通信完成后,可以使用 DatagramSocket 对象的 close()方法来关闭数据报通信 Socket。当然,Java 自己会自动关闭 Socket,释放 DatagramSocket 和 DatagramPacket 所占用的资源。

一个最简单的 UDP 程序如下。

① 发送程序：UDPSend.java

```java
import java.net.*;
public class UDPSend
{
    public static void main(String[]args)
    {
        DatagramSocket ds=new DatagramSocket();
        String str="hello world";
        DatagramPacket dp=new
DatagramPacket(str.getBytes(),str.length(),InetAddress.getByName("127.0.0.1"),
3000);
        ds.send(dp);
        ds.close();
    }
}
```

② 接收程序：UDPRecv.java

```java
import java.net.*;
public class UDPRecv
{
    public static void main(String[]args) throws Exception
    {
```

```
DatagramSocket ds=new DatagramSocket(3000);
byte[]buf=new byte[1024];
DatagramPacket dp=new DatagramPacket(buf,1024);
ds.receive(dp);
String strRecv=new String(dp.getData(),0,dp.getLength())+
"from"+dp.getAddress().getHostAddress()+":"+dp.getPort();
System.out.println(strRecv);
ds.close();
    }
}
```

小　　结

（1）java.net 包的 ServerSocket 类用于创建一个套接字以让服务器监听客户的请求。

（2）ServerSocket 类的 accept()方法返回对客户的套接字的引用，它是 Socket 类的对象。

（3）Socket 类包含功能：提供对接收或发送数据给客户的客户流的引用。这由 Socket 类的 getInputStream()方法和 getOutputStream()方法实现。

本 章 练 习

1. Socket 与 ServerSocket 的最主要区别在哪里？

2. 创建一客户/服务器应用，客户端发送"How do you do."到服务器，服务器返回"Fine,thank you."。

3. 创建一客户/服务器应用，客户端发送"Time Require"到服务器，服务器返回当前服务器的日期和时间。

4. 创建一个应用程序，用以显示本机的 IP 地址。

5. 创建有以下功能的客户/服务器应用程序：

- 客户机发送客户 ID 到服务器进行客户资料查询。
- 服务器接收 ID，检索文件，发送回应信息。
- 客户机接收回应信息，如果资料存在，则显示资料内容；如果资料不存在，显示"资料不存在"信息。

客户机与服务器建立连接后，可以随时查询，直到断开连接。

参 考 文 献

[1] [美]Bruce Eckel.Java 编程思想.陈昊鹏译.北京:机械工业出版社,2007

[2] 刘升华.Java 从入门到实践.北京:清华大学出版社,2010

[3] 张小波等.Java 程序设计教程.北京:冶金工业出版,2006

[4] 张居敏等.Java 程序设计经典教程.北京:电子工业出版社,2008

[5] 马迪芳等.Java 程序设计实用教程.北京:清华大学出版社,2005

[6] [美]Paul J. Deitel，Harvey M. Deitel. Java 程序员教程.张君施等译.北京:电子工业出版社,2010

[7] 郑莉.Java 语言程序设计.北京:清华大学出版社,2007